天津美术学院“十三五”资助教材

设计专业基础必读系列

基础服装设计

BASIC APPAREL DESIGN

赵辉◎编著

通识讲授
+
实训辨析
+
练习与问答

中国建筑工业出版社

图书在版编目（CIP）数据

基础服装设计 = BASIC APPAREL DESIGN / 赵辉编著
. —北京：中国建筑工业出版社，2021.12
（设计专业基础必读系列）
ISBN 978-7-112-26998-3

Ⅰ. ①基… Ⅱ. ①赵… Ⅲ. ①服装设计 Ⅳ.
①TS941.2

中国版本图书馆CIP数据核字（2021）第262950号

教材配套资源 PPT 课件下载说明：
本书赠送配套资源 PPT 课件，获取步骤：登录并注册中国建筑工业出版社官网 www.cabp.com.cn → 输入书名或征订号查询→点选图书→点击配套资源即可下载。（重要提示：下载配套资源需注册网站用户并登录）
客服电话：4008-188-688（周一至周五 8：30-17：00）。

责任编辑：李成成
责任校对：赵菲

设计专业基础必读系列
基础服装设计
BASIC APPAREL DESIGN
赵辉 编著
*
中国建筑工业出版社出版、发行（北京海淀三里河路 9 号）
各地新华书店、建筑书店经销
北京雅盈中佳图文设计公司制版
北京富诚彩色印刷有限公司印刷
*
开本：787 毫米 × 1092 毫米 1/16 印张：$13^3/_4$ 字数：231 千字
2022 年 9 月第一版 2022 年 9 月第一次印刷
定价：**108.00** 元（赠课件）
ISBN 978-7-112-26998-3
（38793）

服装是社会文明进步的窗口，而社会的变革也必然会对服装产业提出新的要求。近年来，随着经济的蓬勃发展，我国的服装研究、服装教育、服装产业都进入一个崭新的阶段。但是，发展的不平衡、不充分依然十分明显。对比之下，成熟的时装品牌已经过了展示资本运作的阶段，而发展不够成熟的品牌，还在通过展现资金实力来支撑品牌形象。作品通常求新、求异，展示效果上追求酷炫，最终反而显得生硬。好的设计作品，往往把辛苦都留在创作过程中，最终呈现的作品是松弛的、自然的、流畅的。设计需要反复调整，就像揉面团，揉得很熟才有味道，“过程感”外露都会显得东西“生”。

那么所谓“成熟品牌”是不是就没有问题呢？当然不是。创意后继力量不足，生产力过于依赖于发展滞后地区，各种新型零售业的冲击等，都是普遍面临的问题。当今社会充满各种思想、文化、经济的激烈碰撞，而碰撞蕴含变革，变革孕育生机。

一场疫情，让全球的服装产业都驻足反思。很多以流行和快速反应作为设计生产的标准，以广撒网的方式来销售，以虚造形象来塑造品牌的服装企业因缺少独立创新，失去了核心竞争力。“创新力”终于史无前例地站在了我国服装市场的舞台中心。“创造力”诉求于“设计师”，产业对设计师的诉求就必然追向服装教育和服装研究领域。

近几年，笔者在教学中发现一个现象，学生大多可以娴熟地运用 sketchbook（记录设计和灵感的速写本）和思维导图的模式开展设计。哈贝马斯曾经将“当代”解释为：“形而上学的终结和后形而上学的开端”。换言之，单一的思维模式不能满足设计需要，原本只是作为记录素材的 sketchbook（比如阿尔丰斯 · 穆夏 Alphonse Maria Mucha 的 sketchbook），成了灵感拓展、分解和联想的开端。设计师通过前端深入的调研、思维导图的拓展，感性深入地参与其中，而后端的设计和调整则以传统理性与技法为主导，这看起来是很完整和科学的。这种西方的服装设计模式，无疑有助于学生进行理性分析和助力思考。但是，我们也会发现，更多的学生，学习的不过是一套流程，甚至只是一个漂亮的模板，设计核心创意并未达成。

而纵观我们的服装教育，尽管有一些院校具有较为先进的设计教育形式，但大多学校还延续以知识和技法传授为主，以设计实践为辅的模式。课堂设计，以老师为主，以学生为辅；设计评价，以个人审美为主，以行业需要为辅；设计研究，以完整严谨为主，以创新突破为辅。

笔者曾听到一个说法：“一切真理都是圆形的，越大的真理，其半径越大”，这话很有意思。真理通常是我们研究的方向，但是，真理都是有前提条件的，如果真理的适用范围大到可以忽略前提条件，那么它对核心的影响力还能有多大呢？我们今天的理论研究就有点太“正确”了，“正确”到不给大家一点“试错”的机会。殊不知，再好的西方经验也不可能直接解决我们的问题。“试错”是一切研究的必经过程。古希腊有一句名言：“人的知识好比一个圆圈，圆圈里面是已知的，圆圈外面是未知的，你知道的越多，圆圈也就越大，你不知道的也就越多”。真理是绝对和相对的统一，人类的认识是无限的。我们要的完美的理论“闭环”，也许是不存在的。我们的服装研究里稀缺两样“东西”：一个是有专业水准的，不以商业炒作为目的的“服装批评”，另一个是带有自身过程性的“研究—设计—研究”的服装设计思维及服装设计方法论，而这两方面都直指一个核心问题——独立思考下的创新力。

曾经有个欧洲大师说："'灵感'是靠不住的"，我们需要的不是一拍脑袋激发出的灵感和创意，我们需要的是稳定的持续的创新，换句话说，"We Frame Creativity"（我们要构建创造力框架）。"设计思维"不是"设计师的思维"。恰恰相反，它是一套更接近于工程学的方法，用逻辑和套路，面对那些复杂的不确定的问题，让"创新"稳定地发生。

本书作为基础类教材，是服装设计的入门级课程用书，主要的学习目标是完成对服装设计的基础认知和初级设计应用。初学服装设计，最难培养两个能力：一为审美力，一为创造力。本书致力于尝试解决服装如何提高审美，如何突破创新壁垒，如何应用设计思维，如何设计"设计方法"。因水平有限，结果可能不尽如人意，请读者见谅。本书始终以设计能力的培养为核心，筛选讲授内容。形式上，放弃了传统教材的统一逻辑，一贯而下的讲授方式，选择"通识讲授"+"实训辨析"+"练习与问答"交叉进行，实现有目的性的章节学习。语言上，在不流失专业性的同时，尽量轻松、简洁。即使是通识讲授部分，语言上也以平实铺陈为主，以增加可读性。

最后要告诉大家的是，本书所讲的内容，作为知识，就像时间，像我们现在经历的这一秒，确实客观存在。但是，作为设计学习，它不可能适用于所有的服装设计项目、所有人、所有时代。本书尽量避免讲设计的"正确性"，而是更多介绍"可能性"，强调"去范式"的设计学习，希望给初学者一个方向的同时，留一个自由发挥的空间，建立带有读者自我价值、自我审美的服装体系。

客观性的存在，意味着一种表象的存在，不要仅仅作为世界的陈述者。

CONTENTS 目录

第二章

服装设计

——学习“设计”如何开始—进行—深入—调整

第一章

服装基础

——如何“观察”与“理解”服装

通常人在接触新事物时总会产生一些疑问，而问题大多离不开三样：是什么，为什么，怎么办？寻找答案的过程就形成了各种学科。今天，我们在服装设计学习之前也来问一问。

问题引导——什么是美，什么是设计，设计与美是什么关系？

以下图片哪个表现的是设计美（不考虑摄影艺术的情况下）？并试着说说原因（图1-1、图1-2）。

图1-1　自然景观

图1-2　人造景观

答：图1-2表现的是设计美，因为“设计”必须是“人”的参与结果。

1.美是什么

我们谈到设计就绕不开一个字——“美”。什么是美？这是一个历史悠久的问题。在西方传统美学中，主要研究对象有三个：“美的本质”“审美问题”“艺术问题”。其中，最早提出“美是什么”这个本原问题的是古希腊哲学家柏拉图。他在一篇对话体文章《大希庇阿斯篇》中讲了一个故事。故事的主人公是柏拉图的老师大哲学家苏格拉底和诡辩家希庇阿斯。希庇阿斯是一个自以为是的希腊贵族，当苏格拉底问他“美是什么?”，他不假思索地回答：“这太简单了，美就是一位漂亮的小姐。”苏格拉底哭笑不得，却装成很赞同的样子说：“太美妙了，但是一个年轻漂亮的小姐的美，就使一切东西都为其美的么？那么一匹漂亮的母马，一把漂亮的竖琴，一个美丽的陶罐，难道不美么?”希庇阿斯听了显得开始犹豫，苏格拉底继续说：“你说的是什么东西是美或丑，而我的问题是问美的本身，是美的本身作为一种特质传递给一件东西使得东西变成美的”。希庇阿斯听到这里又神气起来，说：“那美不是别的，就是黄金。因为凡是在东西上点缀了它就会显得美。”苏格拉底听了马上追问：“雅典娜女神没有点缀黄金就不美么？要制作美的菜肴，美人与汤罐哪个最得当？金汤勺和木汤勺，又是哪个最得当呢？那么什么才是美呢?”希庇阿斯终于回答不上来了。事实上，我们谁也答不上来。希庇阿斯的回答如果换一个方向说“一个漂亮姑娘是美的，一个陶罐是美的。”这样都是没问题的，但是反过来就不行了。因为，“美的本质”不等于“美的具体事物”。

古希腊哲学家美学家认为：美是客观的。毕达哥拉斯认为美是“数与数的和谐”——美是客观规律；苏格拉底认为美是“有用”——美是客观目的；柏拉图认为美是“理念”——美是客观理念。在这个阶段，由于“理念”虚无缥缈而且难以解释“如何把握美”这个概念，为了进一步认识美，就要分析它的形式规律，包括“和谐”的规律、“节奏”的规律等，颇有中国“格物致知”的意味。著名的哲学家亚里士多德，就把美归结为“形式”，服装设计中的“形式法则”也多以此为基础。那么什么是最高的形式呢？新柏拉图派认为是神，于是美的追寻走向了神学论方向，客观的寻美之旅走向末路。

经验主义者认为“美是愉悦”，即美是主观的。英国经验派哲学开始于培根和霍布斯，系统于洛克。到这个时期，“美”的性质发生了质变。他们认为“美”并不是因为“美的属性”或“美的理念”，而是因为人感到美，从此“美是什么”不由自主地走向了主观。

以上对于“美”的解释听起来都很有道理，但没有一个可以成为完美答案。后来“美学”的研究“C位”（中心位置），从“美的本质”的研究，逐渐演变为“审美问题”的研究和“艺术问题”的研究。但“美是什么”依旧驱使着一代代研究者去思考。例如理性主义者认为“美是完善”；法国启蒙主义者认为“美是关系”；德国古典美学认为“美是理性的感性呈现”；俄国民主主义者认为“美是生活”。

由此可见，“美”的定义众说纷纭，并无定论，且随社会的发展变化而更改其内容与形式。我们每一个人都可以定义“美”，但是都无法为他人定义“美”。“美是什么”的问题，最大的价值不是“答案”，而是启迪我们去追寻。本书在讲服装之初谈了这么多“美学”范畴的知识，也不是想越俎代庖地去讲服装美学，而是想告诉初学服装的朋友们，**服装设计是要带着独立思考去学习摸索的，**因为本书不是要给你“1+1=2”的答案，本书最多告诉你的是“1+1”在通常情况下是不会等于3的。

2.设计是什么

设计design一词，最早来源于拉丁语designare，其中signare是“记号”的含义，那么designare就是“画上记号”的语义，也就是做成某事的指令。由此可知，设计中有一个很重要的属性——“计划”。我们可以说，设计是一种创造前所未有的形式和内容的思维和物化的过程，是一种具有目的与计划的实践。因此，设计不是结果，而是一个过程。

设计通过创造与交流来认识我们生活的世界，这种创造性的活动不仅包括从无到有的“创造过程”，通常更多的是从x到x’的“创新过程”。例如：以改良或者更新迭代为主的问题导向设计，以“美”为目标的审美导向设计，以流行为手段的市场导向设计等。

对于设计类型的划分有很多种，下面我们介绍两种分类方法。一种是近年来较为科学和理性的划分，以构成世界的三大要素即“自然—人—社会”作为设计类型坐标进行划分。基于此坐标关系具体形成分类：以传达为目的——视觉传达设计（视觉传达设计也称为视觉识别系统，它不仅限于对产品进行包装、展示和宣传，也包括对公司、社会组织乃至政府部门的形象进行整体设计）；以实用为目的——产品设计；以生活为目的——环境设计。设计除了以目的性作为划分标准以外，从设计师的价值取向角度又可以分为艺术设计和商业设计。艺术设计通过实现自我来满足受众，而商业设计通过满足受众来实现自我。

现代设计从时间发展上大致经历了三个阶段：**装饰设计阶段，生产设计阶段，生活设计阶段。**

（1）装饰设计阶段

产业革命以前的设计，我们通常称之为装饰设计。这个阶段的生产力和技术水平有限，生产方式以手工为主，设计者往往就是制作者，以师傅带徒弟的方式作为技法的传承途径，例如我们常见的“匠人”。这时期的设计大多以表面装饰为主，其主要任务是对造物进行审美，很少关心装饰与对象的内在关系以及对象与人之间的关系，因此很少有本体的突破性革新，设计更多的是在图案与技艺上下功夫（图1-3）。值得注意的是，这个阶段的思维模式一般属于**经验直觉设计**。该设计思维通常以创作者个人的经验直觉审美为价值判断进行设计制作，并且服务于少数人。在中外设计史的较长时间里，都是以这样的设计思维为主导。在现代设计中，设计的价值判断已经发生了根本变化，这种经验直觉从主导性思维转变为过程参与性思维。装饰设计阶段可以说属于：**小众生产，并服务于小众**。

（2）生产设计阶段

产业革命之后，社会生产力空前发展，人们的生活方式和思维形式都随之改变。为了适应机器大生产，设计需要一套完整有效的程序维持运作，更需要一套严谨的思维逻辑和流程来保证创意源源不断地产生。这一时期称之为生产设计阶段，其显著特征是生产者与设计者分开，真正意义的设计师出现了。这一时期的设计思维可称之为**理性程式设计**（图1-4）。目前，全球中等发达国家大多处于以此为主的设计阶段，其特点是：**机械化生产并服务于大众**。

（3）生活设计阶段

第二次世界大战后，各国对高科技迫切的需要引发了第三次科技革命，进而促使社会快速发展，各种观念碰撞、冲击，思维和认知不断得到更新。这一阶段物质丰富，生产力快速发展，设计师重新

图1-3　文艺复兴时期皇冠

图1-4　瓦西里椅

马歇尔·拉尤斯·布劳耶（Marcel Breuer，1902—1981），功能主义建筑大师，包豪斯代表人物。1925年，马歇尔设计了真正意义上的悬臂椅，充分展现了完整的钢管弯折工艺和理念。为了纪念他的老师瓦西里·康定斯基（Wassily Kandinsky），取名为瓦西里椅。后来这种悬臂椅得到了其他设计师更为充分的改良与发展，使之更符合批量化生产的需求。马歇尔不仅创作了悬臂椅等著名设计，还为柏林的费德尔家具厂设计标准化的家具，这种标准化的家具生产方式为现代大批量生产的工业化家具奠定了基础。

这种依赖于技术发展，更侧重功能性，并不断进行产品迭代来适应工业发展的设计概念，正是现代设计的重要特征。

定义了设计的价值和意义。设计焦点转为以人为本，以改善人的生活和适应人的个性需求为目的，以人的思想和行为作为研究对象，设计呈现出多样性和个性化，因此称之为生活设计阶段。该阶段的主导设计思维非常多样，相互冲击、补充、叠加。可以说，这是一种以**理性为主导的多元化设计**思维模式的设计时期。目前，世界先进国家的主流设计和设计先锋地区大都处在这个阶段。这个阶段的特点可以解释为：**大众设计主导下的小众自我革新**。（图1-5）

设计是一种广泛的艺术活动，它既包含了工匠时期的装饰设计，也包含了工业大生产后出现的现代设计。前者更强调装饰性、美术性、趣味性、精神性，后者更强调功能性、生活方式性、物质性。作为设计师需要理解，三种设计阶段时间上先后出现，这是历史发展的必然产物，其关系并非依次替代，而是相互影响、叠加、并行。由于设计发展过程中天然包含了技术与艺术的双重基因，那么设计师就必然面临技术与艺术在此消彼长中相互衡权与较量。从生产力发展的角度看，这种主导设计的更迭无疑是进步的，它使设计倾向于产品，适应了社会的发展需要，使现代设计

图1-5 三宅一生作品

三宅一生，著名日本服装设计师，他以"一生褶"等工艺创新面料和无结构服装闻名于世。他的设计一直游走在即非西式又非东方的服装风格中，是一种特立独行的存在。

他的设计不仅仅是美学的探索，其实用性也很强。他的晚装可以水洗，并在几个小时内晾干，可以随意卷曲，需要的时候打开，无需熨烫就平整如新。

他的折纸系列充分探讨了平面到立体的关系和多维度的概念，并使服装变得更加方便折叠，可随身携带。这种轻松舒适的服装，不论是在专业上还是前沿探索上，都给人带来一种新的生活体验和倡导，这是生活设计阶段的典型特点。

中“智力”成分的高低成为评判设计的重要指标。而从艺术的角度看，设计的生产模式，一方面支持了设计师源源不断地为生产需要而创造产品，一方面也激发了对过度机械化、缺乏人性化的社会的担忧。而且这种科学的、严谨的“数理”和“智力”，也必须依靠人性化的传达才能让人接受，也才能真正实现其产品的属性，这就催生了后现代设计中“后”的概念。在今天，设计既是“专业”“职业”，又是生活方式，不同形态的设计共存于当下，其本质的差别无非是设计目的的不同，或者说服务于谁的不同。

3.设计与美的关系

设计一定是以“美”为目的么?“美”的事物都是“设计”出来的么?设计与“美”是什么关系?

这里包含了设计目的和价值判断两个问题。通过前文对“美”和“设计”的讨论，我们知道设计与美既不是一回事，也不是包含关系，只是有交集而已。

今天，设计不是单纯为了审美，甚至并不一定需要审“美”。与其说是设计与美的关系发生了变化，不如说是美本身的定义发生了变化。如果说曾经以装饰为美，以实用为美，以理性为美，那么从表面风格而言，后现代主义是折中的、混合的、错乱的美。这种一切都可以推翻重构的美，把“美”本身也推翻了，我们今天就处在这种“后”生活的转型中。

从另一个角度说，“美”的东西也不一定都是“设计”出来的，就像本书开篇的两张图片——“自然美”就不属于“设计美”的范畴，因为其中没有人的创造性思维的参与以及物化的过程。

第一节 服装基础知识
——认识服装和服装设计

服装是随着人类文明发展而发展的，“衣食住行”中“衣”排在第一位，服装不仅包含其作为客观事物的功能作用，比如御寒、防护，同时也承载着人们的精神需求，例如遮体、审美。除此之外，服装还是人类社会属性的载体，比如分男女、辨群体等。

一、服装的概念

服装指人与衣服的总和，是人在着衣后所形成的一种状态。

人们常把衣服和服装的意义混淆。衣服是指纯粹物质层面的概念，而服装强调的是人与衣服之间的关系与状态。这不是单纯的文字游戏，举个例子：一个姑娘穿着一件美丽的婚纱出现在婚礼上，大家都会惊叹这件服装太美了，但同样一件衣服出现在葬礼上显然就不合时宜了，但是这件衣服还是美的，不是吗？所以，设计服装时，不仅要从服装客观本体出发，还要综合考虑穿着人的状态等诸因素是否恰当，这也切合现代设计阶段的“以人为本”，以“设计生活状态为中心”的设计观念。通常，我们把影响着装状态的因素归纳为“服装TPO”，即服装穿着的“时间、地点、场合身份”（Time，Place，Occasion）。

（一）时间原则

从时间上，服装有“一年”和“一天”两种时间原则。“一年”主要分为春夏装，秋冬装。在一些高端品牌中，由于产品分类细化，服装还有早春，早秋等时间分类。“一天”里主要分为白天着装和夜间着装（一般指晚六点以后的着装）。其中，日间着装又分为常服和礼服，而晚间着装大都指礼服类。晚礼服的设计要充分考虑礼仪要求和灯光下的效果，因此男装中常见天鹅绒、缎带等元素，而女装中则有更加丰富的珠宝等装饰元素，并且一般领口开口较日间低，这也是欧洲历史中沙龙文化留下的印迹。

（二）地点原则

从地点上，服装可以分为室内装与户外装。室内装分为常服和礼服，而常服又可细化为职业装、运动装等。户外装可以分为礼服外套、运动外套等。除此之外，服装设计还要考虑地区性的差异，其中包括风俗习惯、审美趣味、包容度、认知度和经济能力等。例如，我们现在可以经常看到女孩在夏天穿得非常清凉，一个小背心和牛仔短裤就可以出门了，而这样的装扮在女性着装保守的阿拉伯国家是不能被普遍接受的。

（三）场合身份原则

从场合上来讲，服装强调表现人的身份层面认知，即着装者是何身份或者希望通过服装给他人何种印象。这种对于场合身份的要求，在设计中通常表现为服装礼仪性的考量及服装风格的定位。

时间、地点、场合身份，三个原则相互作用、互相依存，共同完成了服装的社会属性和着装者心理层面的需求，使设计在满足本体和满足客体中寻找适应。在实际设计中，时间临近的服装形制其元素通常可以互用，礼仪级别相近的元素通常可以互用。而且，社会属性要求越高，设计的规范性越强，越趋于内化；而社会属性要求越低，设计的规范性越差，越趋于外化。这也就解释了为什么男装设计普遍比女装设计更收拢，礼服设计比常服设计更谨慎。

二、服装相关名词的解析

服装的分类方式非常多，可以按照年龄、地区、性别、用途、季节等进行分类。在诸多分类中，产生了许多与服装设计行业关系密切的常见专业用词，这些专有名词非常容易让人混淆。根据服装产业的国际通用标准分类，服装可分为高级定制、高级成衣、成衣。

（一）高级定制

高级定制男装（Bespoke），原意为全定制西服，区别于半定制（Made-to-measure）和成品（Off-the-peg）。

高级定制女装（Haute Couture）是女装中的顶级类型，全手工定制，价格昂贵，制作周期长，一般包含了优质的材料和精巧的工艺，是服装最极致的审美表达。在法国，高级定制有非常严苛的标准，需要获得法国高级时装协会（La Chambre Syndicale dela Couture）的认可才能冠以高级定制的名称。很多高级定制品牌兼具高级定制、高级成衣、普通成衣三种不同生产线的产品。（图1-1-1）

图 1-1-1　扎克 · 珀森 2013 春夏

图 1-1-2　迪奥（Dior）2019 早春

图1-1-3　班晓雪

（二）高级成衣

高级成衣（Ready-to-wear），介于高级定制与成衣之间，它在一定程度上保留了高级定制的技艺，在很多顶级品牌中，高级成衣的工艺技巧和设计水准并不低于高级定制，它们最大的区别是高级成衣是小批量生产的，而高级定制是手工定制的（图1-1-2）。

（三）成衣

成衣（Garment）是指按一定规格、型号批量生产的衣服。这是我们平时见到最多的一种服装形式。商场、专柜、网店等大多销售的服装都是成衣。从严格意义上说，成衣是针对定制而来的，我们这里所说的成衣是普通成衣，普通成衣和高级成衣理论上都是成衣的一部分，但是实际上大家通常把普通成衣叫作成衣，这是约定俗成的。（图1-1-3）

除了高级定制、高级成衣和成衣外，还有一个常用词——时装。时装不是高级定制，也不是成衣，它是指富有时代性、流行性的服装，从广义上讲，任何一个时代里产生的新形式的服装，在那个时代都属于时装范畴。相对于成衣的实用性、时装设计一般更侧重流行性、审美性和概念性。除了我们平时在市场中见到的流行性时装，国际时装周发布会上的主题服装或者各种个性化定制的服装也都可以放到时装的范畴里来，时装的主要标准是要具有时代性。

随着科技和社会的发展，新形式、新技术、新方法层出不穷，服装加新概念，就产生了新的服装概念。例如：实验性服装、生物科技服装、人工智能服装，等等。未来还会有更多的服装概念出现，为服装设计源源不断地补充新课题。

三、服装设计的概念

服装设计是一种运用服装语言，设计完成着装状态的创造性行为。它是一门综合性、边缘性的交叉学科，其研究范围涉及人类学、社会学、心理学、人体工程学、民族学、宗教学、哲学、经济学、美学、材料学等多种学科，非常广泛。它需要运用特定的思维形式、美学规律和流程，将设计想法通过适当的材料，以服装的形式，工艺视觉化地展示出来。多数服装是以产品的形式出现的，也有一些服装是为艺术化表达或者其他目的而出现的，例如实验性服装、概念服装、艺术服装、戏剧服装等。在后面的章节，本书会针对不同目的的服装形式讲述其设计方法和设计思维。

服装的研究范围极其广泛，它的物态构成要素（也可称为服装的核心构成要素）可以归纳为：设计、材料、制作。

（一）设计

“设计”是一个服装作品产生的开始。设计师可以从设计图（图1-1-4）开始进行设计，也可以直接用面料在服装立裁人台上进行设计。有一点值得注意，很多初学者会认为设计图的完成就是设计工作的结束，设计就该

图1-1-4　服装效果图

交由下一个程序进行打版制作了，把设计图尽量很“像”地做出来就好。在这样宗旨下，很多初学者会做出很“像”但是很“不对”的服装。实际上，设计应该贯穿整个服装从无到有的过程，并不是单纯地结束于设计图纸，无论我们与版师和工艺师的沟通多么顺畅，样衣也不会完全达到设计师的预想，我们必须反复修改，即使是设计师自己动手打版制作，也会在物化的过程中流失一定的设计。因此，最好的解决办法就是时刻保持设计状态。**设计师要一直以最初的设计概念和大脑中虽模糊但肯定的风格倾向为指导，在从设计到完成的每一步中，都不停考量自己的设计方向，不断调整，使自己无形的意象逐渐具体化。**

（二）材料

“材料”是服装设计落地的重要媒介，是服装的物质载体。传统的服装材料分为面料和辅料。面料是服装的表层材料，一般具有较强的完成感，它决定服装的外观效果和质感表达。辅料是配合面料来进一步完善服装设计物化的材料。一般情况下，设计师会把设计重点放在面料上，而辅料大多体现服装的内在品质和细节，当然也有特殊的设计是通过辅料来体现设计点的，比如通过毛边的设计来表现粗犷风格，以夸张的拉链来表现现代感等（图1-1-5）。在实际应用中，服装的面料、辅料之间也没有绝对不可逾越的界限，很多设计师擅长利用面料、辅料进行转换设计，作品使人耳目一新（图1-1-6）。

图 1-1-5　拉链设计

图1-1-6　里衬外转设计

近年来，服装材料随着科技的发展和设计边界的不断拓宽，已经不限于传统服装材料的使用，比如生物科技材料、医疗材料、电子产品等非服装用材料都可以在服装中单独应用或与传统材料结合产生新的价值和用途。今天，非服装用材料不仅在概念性的创意服装中得到广泛应用，而且部分材料已经被市场接受并被批量生产。

（三）制作

“制作”是将设计意图和服装材料结合到一起的桥梁，它是服装物化过程的最后一个程序。服装的制作包括两个部分：**服装结构设计**和**服装工艺设计**。服装结构设计分为平面纸样设计和立体裁剪设计。服装结构设计一方面决定了服装裁剪的合理性、稳定性和功能性，控制了服装和人体之间的空间关系，另一方面作为独立的创作方法或服装创作的延续而参与设计。服装工艺设计是借助手工或机械，将服装裁片结合起来的缝制过程，决定了服装成品的质量。服装的结构设计与工艺设计相辅相成，合理适当的结构设计是准确缝制的前提，精准高超的工艺设计是对结构设计的最好演绎。在中国传统的服装制作中，因为裁剪变化少，服装品质都依赖于工艺表现，常有“三分裁剪七分做”的说法，尽管这种说法不够准确全面，却相当有道理。（图1-1-7）

图1-1-7　迪奥工艺

轻松一刻，品牌介绍（一）：扎克·珀森

本书会在每章安排几个品牌或设计师的介绍，作为行业观察和设计分析。首次分析前，要强调一件事，那就是你不必因为品牌的成功而喜欢他。爱因斯坦在1901年给一位朋友的信中说：“迷信权威是真理最大的敌人。”这也十分适合用在设计学习中。如果你已经仔细看了某个著名品牌的众多设计（这很重要，不了解的事物不应轻易下判断），发现你不喜欢这样的设计或者理念、风格，这是完全没问题的，甚至这要比你没感觉好得多。强烈的好恶感是很多成功的设计师的特点之一，但是你要知道他为什么成功。

扎克·珀森（Zac Posen）

扎克·珀森1980年生于纽约，母亲是金融界的并购律师，父亲是画家。家境殷实兼具艺术细胞的他16岁就开始在纽约大都会艺术博物馆服装部工作，成为理查·马丁（Richard Martin）的助手。18岁扎克·珀森加入帕森斯设计学院（Parsons School of Design）预科班，并于次年到伦敦中央圣马丁学院（Central Saint Martins）攻读女装学士学位。扎克·珀森在校期间就开始设计实践，赢得了在托卡（Tocca）品牌做正式设计助理的机会。2000年，因为设计了每个部位可以灵活打开的礼服而一举成名并成立公司，创建了自己的品牌——扎克·珀森（Zac Posen）。他夸张的20世纪40年代好莱坞风格，配合精致的手工艺，最高级的面料，最新颖的艺术尝试，稳定地建立了高档的品牌形象。

扎克·珀森的礼服被纽约媒体和明星无限赞美，拥有一大批“大咖”的追捧，被纽约时尚界称为“礼服界的王牌设计师”。

2016年，扎克·珀森受邀为克莱尔·丹尼斯（Claire Danes）设计戛纳电影节礼服，那是一件当灯光暗下就能散发着荧光效果的“辛德瑞拉”长裙，科技与手工完美的结合，让克莱尔·丹尼斯像仙子一般，毫无疑问地成为众人的焦点。

这次成功的案例，激发扎克进一步研究新技术，2019年扎克又成功实验了五种3D打印技术与手工礼服的结合方式。

第一件是卓丹·邓（Jourdan Dunn）穿着的酒红色花瓣裙。这款玫瑰礼服共由21片花瓣构成，平均每个花瓣的尺寸为20英寸（0.51米），重 450克，花瓣形状都不相同，通过一个从外面看不到的模块化钛笼固定。花瓣由3D打印材料Accura Xtreme White塑料制成，其表面的处理

ZAC POSEN
FOR JOURDAN DUNN

使用了变色汽车漆。玫瑰礼服的打印和表面处理一共花费了1100多个小时，打印地点位于北卡罗来纳州的Protolabs 3D打印工厂。礼服制版根据卓丹·邓的身体，使用电脑三维软件重建而成。

第二件是妮娜·杜波夫（Nina Dobrev）身穿的如同定格的水花的裙子。它是一件透明的打印连衣裙，根据妮娜·杜波夫的身体三维重建设计而成。紧身胸衣由 Somos Watershed XC 11122塑料制成，其表面通过使用透明涂层达到玻璃外观效果。

第三件礼服为凯蒂·霍尔姆斯（Katie Holmes）穿着的配有棕榈叶衣领饰品的礼服。区别于前两者的大面积应用，这款礼服只在局部应用了3D打印技术。光芒四射的紫色棕榈叶点缀在肩上，并与领口处的礼服相连。棕榈叶由 Accura 60 塑料制成，使用立体雕刻机打印。棕榈叶结构的表面使用具有光泽的紫色漆，并将扎克·珀森的水彩薄纱礼服固定在锁骨位置。

第四件是迪皮卡·帕度柯妮（Deepika Padukone）穿着的20世纪60年代复古风造型的粉色芭比礼服裙。这件金银丝面料提花礼服的设计精巧之

处在于其表面上的数百个3D打印装饰物。这些装饰品是使用立体光刻技术制成，通过激光固化的液体物质Accura 5530 逐层构建出来，采用真空金属化，中心使用Pantone 8081 C色号进行装饰。

第五件是茱莉娅·加纳（Julia Garner）通身泛着金色的“月桂女神装”。这一次3D打印用在了头饰上。点缀着叶子和浆果装饰物的精美藤蔓头饰为单件打印品，由尼龙12塑料制成，使用多射流熔融技术打印而成。

我们从这五套礼服设计中看出，扎克·珀森分别实验了包括全服装打印、大面积服装打印、服装部件打印、服装装饰物打印和头饰打印共五种结合方式。

尽管扎克·珀森在礼服设计中取得了相当的成功，但是对服装制作采用不计成本的方式为品牌带来了巨大的资金压力。遗憾的是扎克·珀森还不善于经营。首先，扎克·珀森不愿积极发展成衣市场，致使公司资金回笼不足。其次，他不能及时找到后续资金支持，并且他不仅没能有效巩固纽约媒体，又没在巴黎获得市场认可，彻底丧失了宣传话语权。高昂的成本和资金不足的双重压力下，扎克·珀森品牌最终不堪重负，面临倒闭。这个案例可以让我们深有体会：服装设计行业是产业的修罗场，而不是艺术家个人恣意妄为的乌托邦。服装设计品牌不仅需要才华横溢的设计师，更需要适当的经营和运作。

第二节　美学规律对服装设计的影响——服装怎么“看”

温馨提示

1.对于本节内容的学习不仅要看正文，更要仔细阅读图片下的文字，设计分析对服装学习尤为重要。
2.每一个知识点学习完，需要看大量的例图进行分析，强化学习效果，未来才能达到自由运用的效果。

各行各业里，会“看”的不一定会“做”，但是会“做”的一定要会“看”。因此，我们要学习设计服装，首先要“看懂”服装，知道从哪些方面去入手分析，而这些又代表什么，在服装中体现什么价值。学会“看”服装，是学习服装设计最开始要做的事。什么是“看”？就是“理解”—“观察”—“体会”。从知道“看”什么，再到“看”完能体会到什么，这就“一只脚迈进服装设计的大门”了。接下来，我们就研究一下服装都要“看什么”“怎么看”，同时能有自己的感受与见解，进而对改进它甚至颠覆它有自己的判断。

一、服装中的造型规律

造型是物体处于空间的形状，是物体的外轮廓和内结构共同构成的。造型是把握物体的主要特征所创造出的物体形象，是一定物质材料和手段创造的可视空间形象的艺术。造型是有规律可循的，色彩依附于造型，具有特定的质感。通常情况下，人们所说的服装造型是指服装的外部特征，包括服装外部廓形，整体与局部，局部与局部，服装空间等。

点、线、面、体被称为形态要素，是一切造型的基本要素，具有符号和图形特征，能表达不同的性格内涵。这四个要素各自有其特点，又能相互转化，点动成线，线动成面，面动成体。四要素的特点及其组合规律加

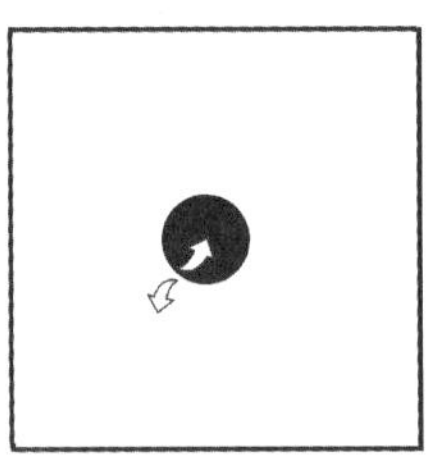

图1-2-1　点的收缩具备向心力与膨胀张力对抗

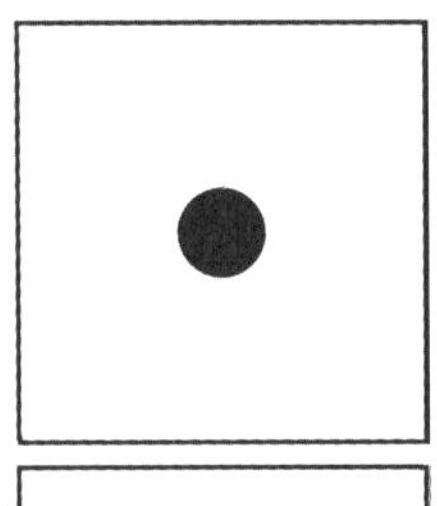
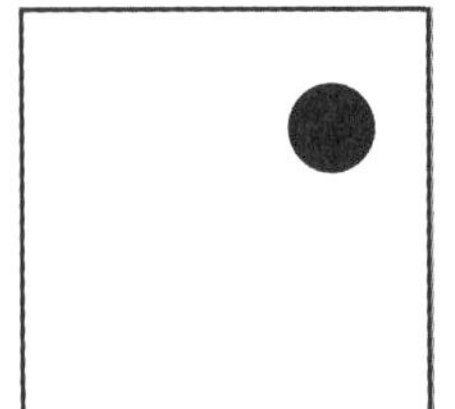
图1-2-2　点的位置

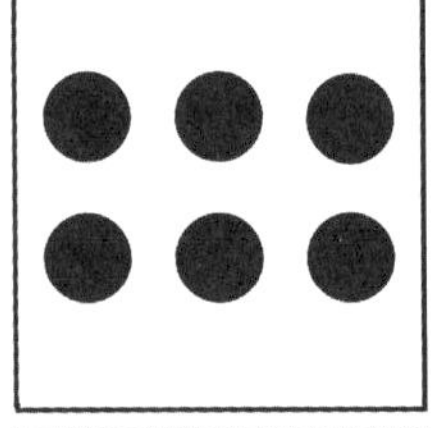
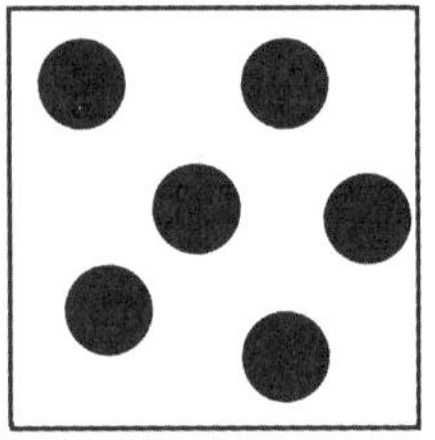
图1-2-3　多点的不规则排列与规则排列

上服装特有的材质特点，就是服装造型的重要手段。

（一）点

康定斯基认为“从内在性的角度来讲，点是最小的基本形态，其特征是没有长度、宽度和高度，其属性是位置，可以说点是最简洁的形态。”[①]从力的角度，点受向心力的作用保持集中收拢的状态，同时也具备对抗外力的膨胀张力。因此，点有很强的力感，其心理暗示通常是紧张的、集中的。我们可以从以下几个维度去分析点在服装中的具体作用（图1-2-1）。

1. 位置

点所在的位置不同会给人不同的视觉感受。点位于中心位置时，表现为平稳、静止，当点靠近一边时，画面的不稳定感使人产生运动感和方向感（图1-2-2）。

2. 数量

数量不同的点起到不同的视觉作用，一个点可以使观察视线集中，两个点可以表示观察路径的方向感，三个点可以引导视线流动。多点就会涉及排列组合，点排列距离相等时给人系列感和秩序感，点排列规律性变化时给人节奏感和律动感，点的随意排列给人丰富感或杂乱感（图1-2-3）。

3. 类型

点的类型常见的包括：**大小，形状**。点是大或小，要根据周围的参照物来说，一般小点给人零落、琐碎的感觉，多点应用居多，可以增加丰富感。当点小到一定程度并按照某方向一直排列时，会给人带来线感。大点具有一定面积，这样的点单独使用时，强调力量感和吸引视线的作用，并且只有一定面积的点才能形成不同的形状感。但是，当点大到一定程度时，点的感觉逐渐变弱，取而代之的是面的感觉。由于服装是通过材料表现的，因此，服装中的点除了常规类型，还包括**虚实、厚薄**这些服装特有的属性。结合前面讲的位置和数量，我们来看一下服装中的应用案例。（图1-2-4、图1-2-5）

（二）线

线，美术作品的重要表现因素。按几何定义，线是点的延伸。其定向延伸是直线，变向延伸是曲线，直线和曲线是线的两大系列。线的属性还有宽度和厚度，它是绘画借以标识空间位置和长度的手段。人们用线画出

① 康定斯基.康定斯基论点线面[M].北京：中国人民大学出版社，2003.

A

B

图1-2-4　单点应用

A的应用为T恤中心头像，B的应用为红色蝴蝶结装饰。由于A、B使用的都是不透明材料，因此都属于实点应用。这样的单点应用是视觉力量最强，也最能吸引人注意的。但是，这两张图的应用目的不同，A在中心位，点够大够实，给人稳定的视觉冲击感。B的红色蝴蝶结设计在一侧，我们通常会在这个作品中第一眼看到它，之后随着蝴蝶结向右看到礼服后背开口的曲线，再沿曲线向上到右肩装饰结束，这样的视觉流动，增加了背部的流线感，使人觉得模特的背部曲线更加玲珑有致。

A

B

C

图1-2-5　多点应用

A的两个弯月形扣子，上下排列相当于两个点。这种纵向排列，吸引视觉，使之可以纵向延展，体现挺拔的感觉。B的裙子两侧红色刺绣花朵为多点规则排列，纵向排列让人的视觉延展，曲线排列更显妖娆，极具装饰效果。C上衣的宝石装饰为散点装饰即多点无序排列，这种装饰主要起丰富视觉效果的作用，使力量感过轻的上衣有了一定的视觉分量感，与下衣在对比中还能取得一定的相互适应效果。

物体的形态和态势。

线不仅是点的运动轨迹，也是面与面的分界，具有将物体与空间环境分开以及分辨物体本身面与面转折位置的作用，从而加强视觉效果，或者使物体展现明确的体积感，这也是在西方传统绘画中强调轮廓线处理及明暗交界线处理的原因。从设计学上讲，线具有位置、长度、粗细、浓淡、方向等属性，在服装中的具体应用还要结合材料质地。我们从以下几个方面来进行分析。

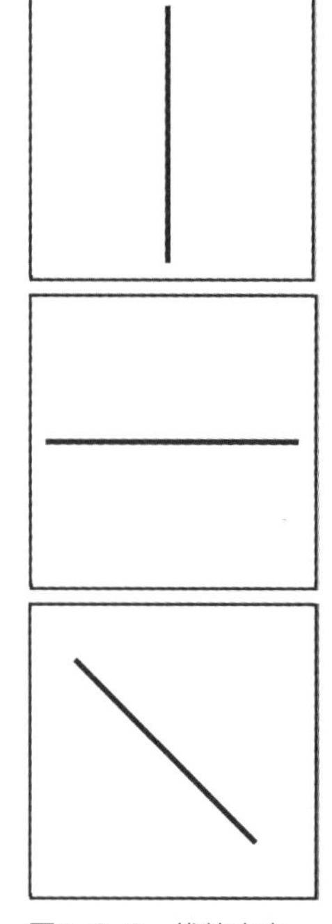
图1-2-6　线的方向

1. 位置和方向

线是点的运动轨迹，因此在线的诸多属性中，最有特点也最具天然性的就是方向感和运动感，这两种属性使线具有较强的视觉指引性，很多设计中都有对此的绝佳表达。**垂直线**具有重力感，给人纵向指引，多表现挺拔、上升、权威、中心等；**水平线**具有横向指引，多表现平静、稳定；**斜线**具有不安定感，不同的斜线给人不同的方向指引感，是直线里最具运动感的。（图1-2-6）

2. 数量与间距

线的应用还应研究数量与间距的属性特点，数量少的线更具有线感，而数量多的线更具面感。在数量多的线中，会产生间距。间距近的线，相互间的力量感影响大，给人集中、收拢的感觉。间距远的线，相互间的力量影响小，给人平稳、分散的感觉（图1-2-7）。有一个广泛的常识认为“穿细密条纹的衣服，显得人瘦，穿粗而疏的条纹衣服显得人胖。”这个说法尽管过于绝对，但确实有一定的理论支持。

3. 类型

服装中线的类型可以从以下几个方面分析：形态，长短和粗细，虚实。

（1）形态

线的形态可以分为直线、曲线、虚线。**直线**可以分为水平线、垂直线、斜线和折线。水平线、垂直线和斜线的特点在前文已讲过，此处不再赘述。折线或由折线发展出的锯齿线可理解为多个直线的组合，是多个力的作用形成的，因此具有紧张、不安定的感觉。**曲线**可分为几何曲线和自由曲线。几何曲线是指在一定条件下产生，有一定规律的曲线，具有秩序美感。自由曲线是几何绘图仪器中没有的曲线，是一种没有规律、受力自由的线，给人随意性和丰富感。在威廉·荷加斯（Hogarth）《美的分析》（The Analysis of Beauty）一书中分析的“蛇形线”就属于自由曲线的

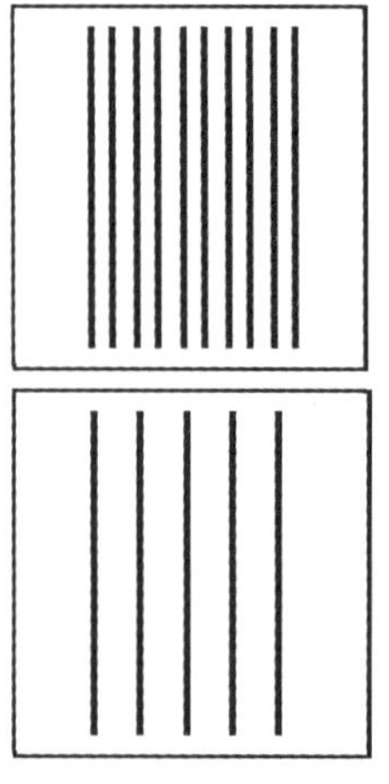
图1-2-7　线的疏密

类型，书中对“蛇形线”给予了极高的评价，甚至认为它是许多作品之所以美的本质原因（图1-2-8）。欧洲19世纪末20世纪初“新艺术运动”时期的艺术作品，就是以这种自由曲线作为标志的（图1-2-9），这种以线条为基础的美学原则不仅风靡一时，而且影响至今。**虚线**是小短线组合而成的，一方面具有弱化了的线的特点，一方面比实线更具装饰性。

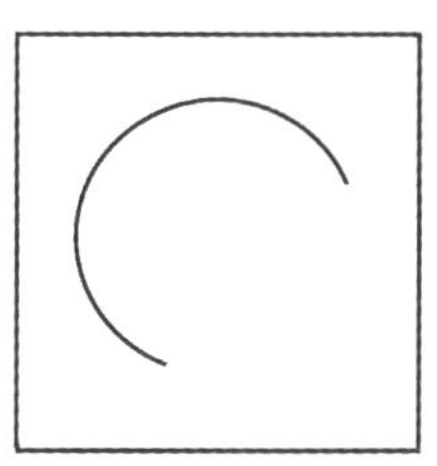

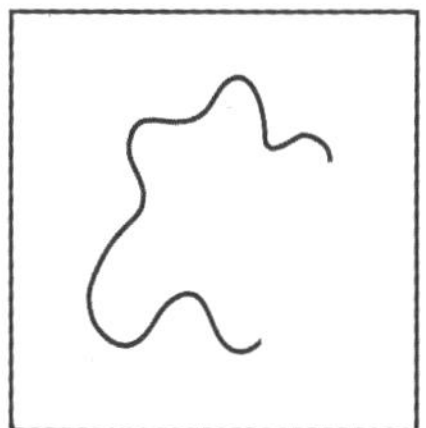

图1-2-8　几何曲线和自由曲线

图1-2-9　“新艺术运动”高迪的建筑设计——巴洛特之家

（2）长短和粗细

单一的线的长短、粗细都是对比周围参照物而言的，长线有明确的方向感；短线更具点的感觉并且组合应用居多。粗线有分量感，兼具面感。细线有尖锐的力量感，但是太细了存在感就弱了，因此常常多条一起应用。

（3）虚实

在线的形态中已经包含视觉上的虚实分别，这里所说的虚实主要是色彩虚实和材质虚实。于环境中，无论是色彩还是材质，对比越强则视觉效果越突出，反之作用弱化（图1-2-10）。接下来看一组以线的应用作为设计点的服装系列（图1-2-11）。

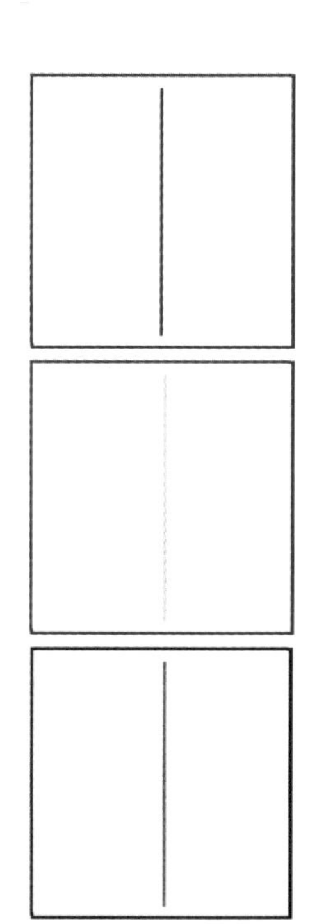

图1-2-10　线的色彩虚实

（三）面

线动成面，面是线的运动轨迹，是相对点和线更大面积的形体，是空间与空间的分割界限。

图1-2-11 帕森斯设计学院2016年硕士研究生毕业作品秀

这个系列以条纹运用作为创意点。A充分利用了线条的方向感特点，用错位的线条突出设计意图。B同样利用方向感进行设计，区别于A的是利用相反方向的线条进行对比，结合不同粗细及质地体现设计。C作品中裙左侧线条在服装上作为曲线装饰，顺着设计外廓形往下脱离服装成为飘带，不仅引导视线转移，体现动感飘逸，强化了街头运动风格，而且线的虚实转换也增加了设计的丰富感，实属佳作。

1. 位置和数量

“面”和“点”“线”相比面积大，因此服装中位置变化范围比较小，数量也比较少，数量过多就会使面积变小，而逐渐呈现“点”的感觉。面应用在服装设计中最常见的手法就是拼接。以不同大小、色彩、虚实的面料进行拼接、叠加、编织而达到或夸张或醒目或装饰的视觉效果。（图1-2-12）

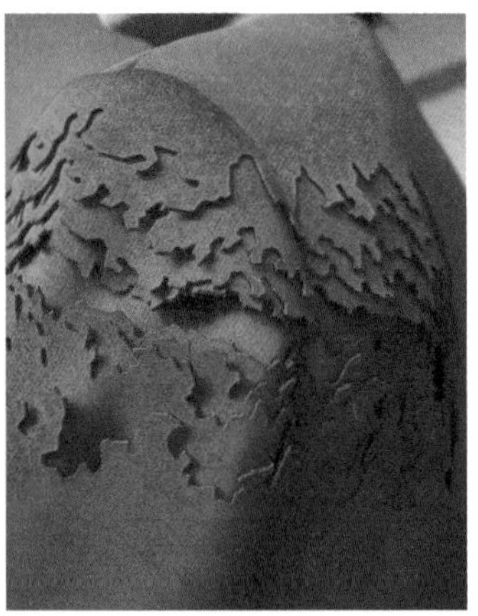

图1-2-12 面的应用

A为迪奥2014早秋系列，以经典的西服配色沿着迪奥的经典版型分割线进行面的拼接，增加了上衣的立体效果，强化了品牌基因，配大红色领底呢增加了时尚性。

B为川久保玲2014秋冬系列，图中“面”的分割除了色彩的对比，还增加了材质对比。

C是“面”的多层设计，增加了视觉量感。

2. 类型

（1）形体和形态

面从形体上分为平面和曲面。**平面**指各种形状，属于二维空间，直线的平行移动是方形，直线的回旋移动形成扇形、半圆、圆，直线和弧线结合运动形成平面不规则形等，因此面也称形。**曲面**分为单曲面和复曲面，通过直线运动形成的面叫单曲面，通过曲线运动形成的面叫复曲面（图1-2-13）。曲面属于立体范畴，不属于二维，但也不一定是三维的，有很多复曲面都是分数维度的。在分型几何学中有专门研究各种非整数维度的曲面。

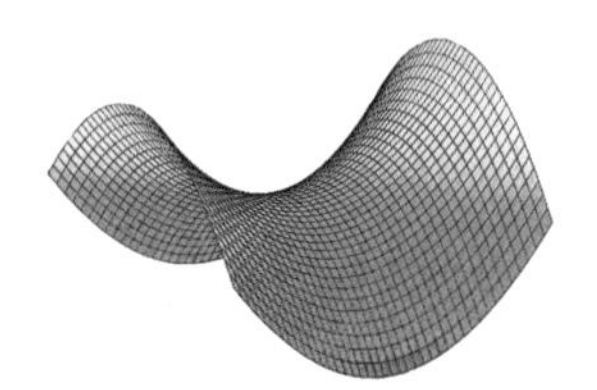

图1-2-13　复曲面

从形态上，面可分为无机形、有机形、偶然形三大类。由直线或曲线，或曲直线两者相结合形成的面为几何形，也称无机形。不可用数学方法求得的有机体形态称为有机形，这是自然界最常见的形态，因此又叫自然形。自然或人为的偶然形成的形态因为不受控制称为偶然形，如随意泼的颜料、虫蛀的花瓣等。无机形，由于是几何形态，有很强的规则性，给人理性感、现代感、机械感。多数有机形给人自然律动感，但是有机形中的一些复曲面，其形态有几何化但又不是常规几何形态，因此具有很强的科技感和未来感。偶然形的不重复感给人生动、不安的感觉，因此受到了后现代风格的偏爱。

（2）大小和虚实

服装上的“面”具有大小、虚实的差别，这里的虚实主要指色彩虚实和材质虚实两个方面。大小和虚实的不同使“面”的量感有所差别，决定了“面”的属性强弱。（图1-2-14）

A

B

图1-2-14　面的虚实

A中服装的表面是半透明纱质材料，上下层对比较弱，力量感不强。

B中服装中心位置的拼贴部分面积较大，用肌理填充，解决了对比过强、以及面积大而造成前中心过于空的问题。

（四）体

体是面的移动轨迹和面的重叠，是具有一定广度和深度的三维空间，具有长宽高三维实体特征。体更为厚重，视觉力量更强，更有存在感。

1. 位置和数量

服装本身就是一个具有体量的事物，因此，服装上的体有两种位置设计，一种是常规位置的体量设计，一种是非常规位置的体量设计。

（1）常规位置的体量设计，通常表现为部件的空间处理和结构设计，比如羊腿袖、泡泡袖，或者其他部位明显的加大体量设计（图1-2-15），也有一些含蓄的体量设计，比如圆肩型就比普通的上袖肩和插肩袖肩型要有体量感，这一点细节的差别很可能给人的视觉效果是完全不同的（图1-2-16）。

（2）非常规位置的体量设计，一般是为了营造风格，突出设计点等目的，通常做体量设计的位置都是该设计的重要设计点（图1-2-17）。

由于人的体积是有限的，服装中“体”的设计通常应用数量不多，只有体积很小时才可多可少，具体要看实际设计的需要。

2. 类型

（1）形态

“体”的形态大致可分为**直面体、曲面体、有机体**。以直平面表面所构成的形体称为直面体，几何曲面体和自由曲面体称为曲面体，物体由于受到自然力的作用和物体内部抵抗力的抗衡而形成的形体称为有机体。单体组合可以形成组合体。直面体和几何曲面体在服装中给人量感、理性

图1-2-15　伦敦时装学院男装设计作品

这张图表现的是夸张的原位置体量设计。设计利用乳胶，通过对裤子形体的夸张处理，表现了一种诙谐的时尚基调。

图1-2-16　外交部全球推介会天津场礼仪服装

这张图表现的是含蓄的原位置体量设计，可以看到两件服装基本相同，其中红圈标注的肩部差别是很重要的设计手段，设计利用不同量感的肩型差别来表现左侧主持人更加职业、现代的刚性设计，以及右侧礼仪小姐更加圆润的柔性设计。

图1-2-17　普拉达（Prada）2018度假系列

这张图表现的是非常规位置的体量设计。我们可以看到在上衣的前胸位置，到袖子的侧面，有一个非常规的突起体量，配合黑白色调的对比，形成明确的设计中心，突出表现服装向下脱落的视觉效果，这个空间的设计显然不是真实的服装脱落形成，而是在立体裁剪中夸张处理的。我们可以想象，如果这个位置不做夸张的体量，或者取消黑白色调的对比，那么设计点将会变得非常不突出。因此，体量的非常规位置设计，是突出设计点很好的手段。

感。有机体和自由曲面体给人生动感、自由感，这一点和“面”是相似的，只是其效果比“面”更强。

（2）大小和虚实

服装中当材质不变时，体积越大，量感越强，反之越小。当大小不变时，材质的变化会改变“体”原本的量感。服装中的虚实依赖于材质的软硬、透明度和形体空间大小来体现。（图1-2-18）

通过前文的详细分析，我们了解到点、线、面、体各自的特点及其应用，这四个基本造型要素的概念，既具有独立特点，又有相对性和转换性。在服装的实际应用中，既有单一应用，也有多种元素综合应用。（图1-2-19）

A

B

图1-2-18 川久保玲作品

以上两个设计出自同一位设计师，而且都是在“体”上进行设计的，但是量感有很大差别。A体积很大，但是用料轻薄透明，整体给人丰满而透气的浪漫感，B是著名的“肿块系列”，体量虽然不大，但是用料很实，体积集中，并用在非常规位置，这样使得体量的设计非常具有视觉刺激，力量坚实。

图1-2-19 朗万（Lanvin）2015早春作品

图中设计前门襟的白色弧形翻折边属于线性装饰，展现挺拔舒展的优雅基调。由于人的视觉运算很快，这种单纯的弧线装饰让观察路径过于流畅，视线一泻而下，缺乏力量感，在中心位置设计作为装饰、点缀的蝴蝶结，让视觉有了力量的归拢，产生完成感。

下面分析一组点、线、面元素在服装设计中引起的风格变化（图1-2-20）。观察方法：先盖住右侧两图，然后按文本框内分析顺序，从左向右依次打开盖住的图进行比较分析。

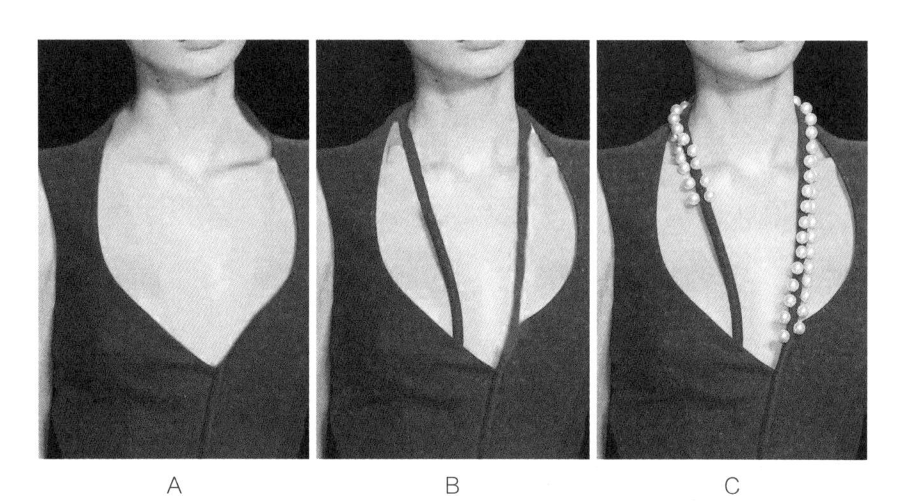

A　　B　　C

图1-2-20　点线面应用对比

先观察A，作为单独“面”的使用，简洁、干练，但是过空的领口使设计重点必须放在下衣或整体协调上。我们可以想象一下图像以外都可能是什么款式？观察B，加入了“线”的元素之后，领口变得丰富完整了，我们可以再想象一下这次图像以外都可以是什么款式？接下来，观察C，继续加入了“点”的元素，视觉更加丰满，风格也更明确了，这次图像以外的部分相比较前两款可选择余地变得很小了。

【训练1】点线面应用训练

图1-2-20的分析过程是初学者的常规学习手法，其中包括两个训练：

第一个是对比训练，可以将T台服装减去一部分或者增加一部分，从风格、结构合理性、美感和力量感等方面比较原作，这样的对比训练可以帮助大家快速提高服装感受力。

第二个是“脑补”训练。我们在看到某个设计的一部分时，去联想“脑补”其余部分，然后再翻看“脑补”部分的原设计是什么样的。比较一下，你和原设计谁的更好，为什么？这是为后期自主设计做准备工作（当然，如果你觉得你的设计更棒也无不可，但一定要说出理由来，因为，一方面设计师必须对自己的作品“保持自信”，同时也要知道，设计的进步不需要无端的“自恋”）。

再来看一组以点、线、面综合应用为设计点的服装系列（图1-2-21）。

图1-2-21 雅克慕斯（Jacquemus）

这个系列以点、线、面的综合应用为设计点，整个系列简洁干脆，像一幅抽象绘画，极强的现代感和时尚性都是从几何形的运用中而来。

二、服装的形式美规律

在传统美学中，有一种重要的思想认为“美是形式”。抛开美的内容和目的，单纯研究美的形式标准就是“美的形式原理”。美的形式原理在服装中并不是唯一的法则，但是具有普遍的规律性，是研究服装设计的重要手段。

在传统的造型中，形式美研究分类有很多种，其中较为具体细致的一个分类是19世纪德国著名心理学家古斯塔夫·西奥多·费希纳（Gustav Theodor Fechner）归纳的9个分类：反复与交替，旋律，渐变，比例，平衡，对比，协调，统一，强调。

借鉴古斯塔夫的分类方法，根据服装应用中的特殊性，分别从以下几个方面总结服装的形式美规律：对比，反复，夸张，节奏，平衡，调和，比例。

（一）对比

“对比”是“质和量”相反或极不相同的要素并置在一起而形成的视觉冲突效果。设计中使用“对比”手法是为了取得“变化”的目的，其应用效果是“强调”。“对比”越强，视觉效果越突出，反之越弱。服装中的“对比”包括：造型对比，材质对比，色彩对比。

1. 造型对比

造型对比是指服装中的造型元素、廓形、结构细节形成的对比。

2. 材质对比

材质对比是指服装上运用性能和风格等方面差异很大的材料形成的对比。

3. 色彩对比

色彩对比是指服装中涉及不同的色彩比较，包括同类色对比，邻近色对比，对比色对比，互补色对比等。

服装设计应用中既存在三种对比的单独应用，又存在综合应用（图1-2-22）。

图1-2-22　服装中的对比
A 马丁 · 马吉拉（Martin Margiela）2020秋冬——造型对比。
B 亚历山大 · 麦克奎恩（Alexander Mcqueen）2016秋冬——材质对比。
C 亚历山大 · 麦克奎恩2020秋冬——色彩对比。

（二）反复

同一要素出现两次及以上称为“反复”，“反复”是“统一”的“变化”，其价值核心是“强调”。运用“反复”时，要注意元素重复的次数、间隔。各元素既要保持重复性，又要保证独立性，元素重复次数太少、相互混淆或间隔太大，都起不到强化的效果。元素重复性太过则又显得呆板，需要适当的变化加入。

“反复”可以分为同质同形，同质异形和异质同形，异质异形。

1. 同质同形

“反复”元素的材质形态完全一样，这种“反复”规则感好，重复感强，但是容易过于呆板，使用时最好根据实际设计进行适应性调整，加入一定的“变化”元素（图1-2-23）。

2. 同质异形和异质同形

“反复”元素的材质和形态有一个相同，另一个不同。这种“反复”既有强化性，又不过于单调，具有调和美（图1-2-24）。

3. 异质异形

“反复”元素的材质和形态都不相同。这样的“反复”更富于变化，但是处理不好很容易繁杂，强化目的不明确，对设计师的控制力有更强的要求（图1-2-25）。

（三）夸张

“夸张”是运用夸大事物本身特征而改变固有印象的表现方法。“夸张”的效果是“变化”，其目的核心是“强调”（图1-2-26）。

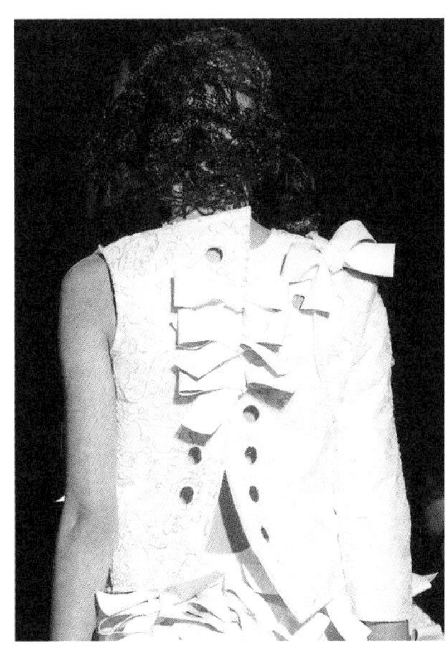

图1-2-23　川久保玲（Rei kawakubo）

这款服装的后背设计，有三个重复的蝴蝶结，这是“反复”中的同质同形设计，尽管强化了元素，但是效果过于单一，于是设计师在右肩加入了一个同元素，使整体设计变得灵活丰富。

图1-2-24　川久保玲2012春夏作品效果

袖口处装饰属于同质异形“反复”。

图1-2-25　蒂拉筠艾（Dilare Findikoglu）

下裙装饰属于异质异形“反复”。

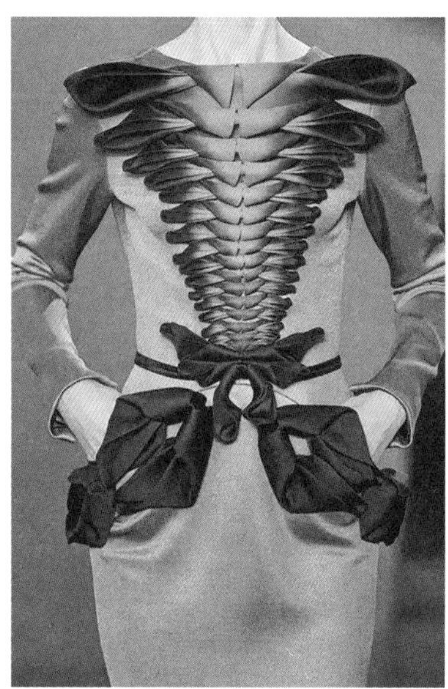

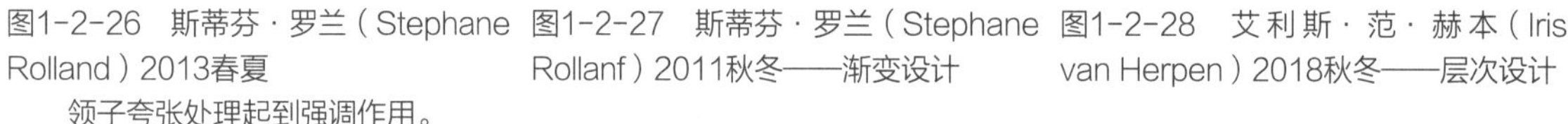

图1-2-26　斯蒂芬·罗兰（Stephane Rolland）2013春夏
领子夸张处理起到强调作用。

图1-2-27　斯蒂芬·罗兰（Stephane Rollanf）2011秋冬——渐变设计

图1-2-28　艾利斯·范·赫本（Iris van Herpen）2018秋冬——层次设计

（四）节奏

有规则的运动形式都可以构成“节奏”，在音乐、舞蹈等时间性艺术领域，“节奏”称为时间性节奏。在绘画、雕塑等视觉艺术中的节奏，称为空间性节奏。“节奏”是“变化”的效果，核心目的为“强化”，服装中具体表现形式包括：渐变，层次，流动，放射等。

1. 渐变

服装设计中的“渐变”指服装的某种元素按照一定秩序的阶段性变化，呈现递增或者递减的效果，给人秩序性和协调性美感（图1-2-27）。

2. 层次

层次与渐变相似，也是按照一定秩序的渐进和递减，但着重于“层”。有单件服装的层次变化和服装搭配的层次变化两种角度（图1-2-28）。

3. 流动

流动效果指服装通过悬垂、光感或者其他流线手段使服装呈现流动美感（图1-2-29）。

4. 放射

放射指由中心向外展开的旋律，这种效果往往会形成一个明确的视觉中心（图1-2-30）。

5. 其他规律变化

除了以上几种典型的节奏效果，其他的规律性变化也都具有节奏感（图1-2-31）。

A

B

图1-2-29（从左到右）祖海·慕拉（Zuhair Murad）2019 春夏；艾利斯·范·赫本2019秋冬

A依靠悬垂褶皱形成流动感，B飘逸的光感纱裙配合科技感印花形成流动感。

图1-2-30　艾利斯·范·赫本2018秋冬——放射效果（左）

图1-2-31　艾利斯·范·赫本2018秋冬——相似形节奏变化（右）

（五）平衡

服装设计中的“平衡”是指视觉上力量感的均衡状态。“平衡”的核心目的是达到“协调”“统一”。根据形成“平衡”状态的各要素之间的关系，“平衡”可分为“对称”和“均衡”两种形式。

1. 对称

“对称”指图形相对于某个基准，做镜像变化，以基准为对称轴的两侧存在一一对应关系。对称设计往往给人稳定、古典、中正、理性等感受，中国传统服装中“对称”的作用非常重要。“对称”分为：单轴对称，多轴对称或中心对称，点对称或回旋对称。

（1）单轴对称

单轴对称又称轴对称，如果一个图形沿着一条直线对折后两部分完全重合，这样的图形叫作轴对称图形，例如左右对称、上下对称等（图1-2-32）。还有一种特殊应用形式为平行移动对称，是指以单轴为对称中心，将同一元素依次向前移动。这是对称作为移动形式的应用，并非平面图形应用。

（2）多轴对称或中心对称

多轴对称也叫中心对称。如果一个图形绕某一点旋转180度，旋转后的图形能和原图形完全重合，那么这个图形叫作中心对称图形。随着对称轴的增加，对称要素也随之增加，多用于图案设计。（图1-2-33）

（3）点对称或回旋对称

点对称又叫回旋对称，是在点的两个方向增加形状相同、方向相反的两个及以上元素，形成回旋对称的形式（图1-2-34）。

图1-2-32　艾利斯·范·赫本2018秋冬——左右对称（左）
图1-2-33　敦煌藻井（盛唐31窟）（张定南整理）——中心对称（右）

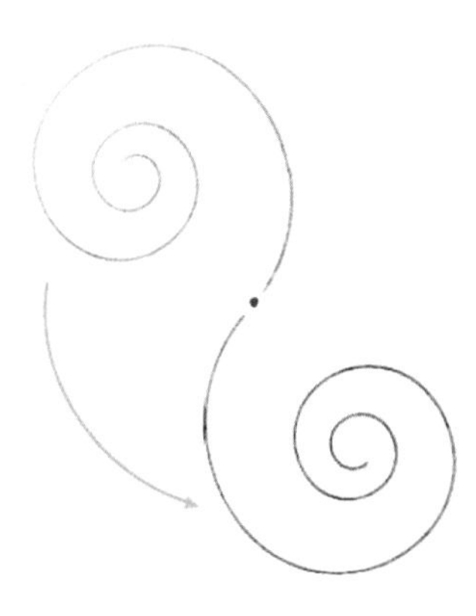

图1-2-34　回旋对称指示图（左）；回旋对称应用——敦煌藻井（右）

2. 均衡

均衡也叫非对称平衡，与对称相比，各要素均没有一一对应关系，而是在各要素间寻求视觉上的量感平衡。在不对称中形成稳定感和平衡感。（图1-2-35）

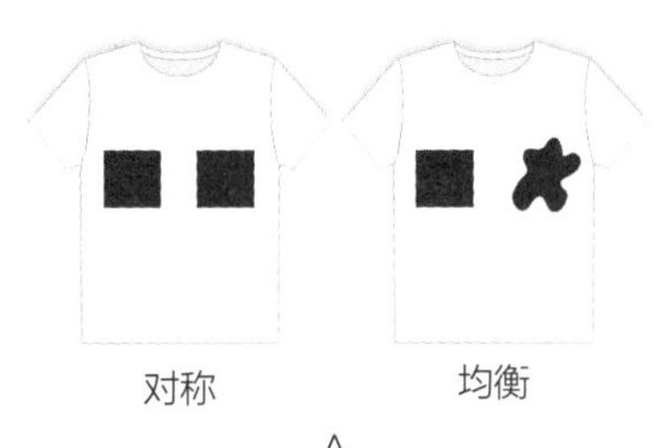

A

B

图1-2-35　A两图为指示图，B实例图为小泽（Kotohayoko zawa）2019设计

设计中的裤子左右不对称，真实的模特腿和裤子上的“印花腿”形成了均衡感。

（六）调和

“调和”是设计各要素间维持一种相对稳定、协调的关系。“调和”中既包含“变化”，也包含“统一”，其目的是达到“调和”的状态。

1. “统一”中的“调和”

“统一”的“调和”分两种情况，一种指各要素尽管不同，但具有相似性，从而使整体有一种协调的感受，也称为“类似调和”。另一种是强调利用“变化”的手段，使过于“统一”而造成的呆板、单调的视觉感受得到缓解，重新恢复协调的视觉效果。（图1-2-36）

A B

图1-2-36 “统一”中的“调和”案例

A为“类似调和”——乔治·阿玛尼（Giorgio Armani）2015春夏。

作品通身面料材质和设计元素都很相似，但又不尽相同，既统一又不乏味，符合品牌定位，体现了设计师极强的控制力。

B为“统一”中的“变化”调和——山本耀司2013秋冬。

作品的材质、花色都比较简单，这是山本耀司一贯的风格特点，但是对于作品本身缺乏亮点，一条砖红色的穿插设计一方面打破过于“统一”的色彩，一方面让人不得不注意服装选用的这种“蓝”可谓恰到好处。

2.“对比”中的“调和”

这种“调和”应用的是“统一”的手法。当设计对比太强烈或者力量感不协调时，需要进行“统一”的“调和”，来平衡视觉冲突。

服装设计中有三种典型的手法：

（1）在对比的两个元素里进行过渡，使变化自然、不突兀（图1-2-37）。

（2）在对比的两个元素中加入其他因素，使对比度减弱（图1-2-38）。

（3）在对比的两个元素中互相加入对方的因素，减弱视觉对抗（图1-2-39）。

3. 风格调和

最后一种“调和”为风格调和。在时装设计中往往是风格先行的。风格调和主要表现设计搭配的“统一”性，分为单套设计搭配（图1-2-40），系列设计搭配（图1-2-41）。

（七）比例

比例是事物整体与部分、部分与部分的某种数量关系；通过元素的长短、轻重、大小、质量等比较获得。远观服装，先见色彩，再见色彩比例；然后见造型，再见造型比例；之后才是材质细节等，所以服装观察往往是比例先行。

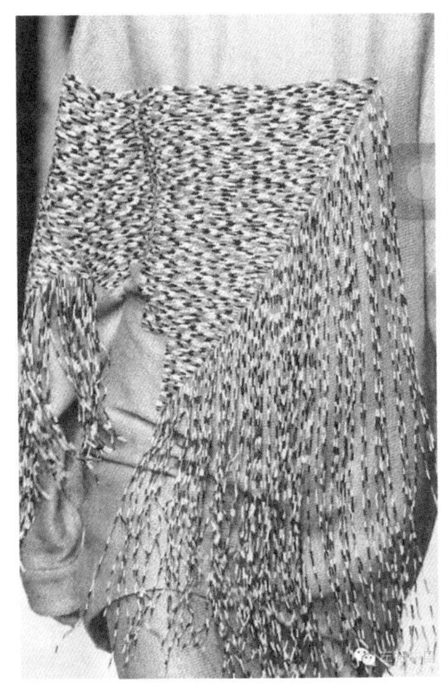

图1-2-37　对比调和1

肌理与平纹织物的对比太强，用流苏过渡，可以达到和谐的效果。

图1-2-38　对比调和2

墨蓝和明黄色对比明显，加入第三种元素——白色，做中和设计。

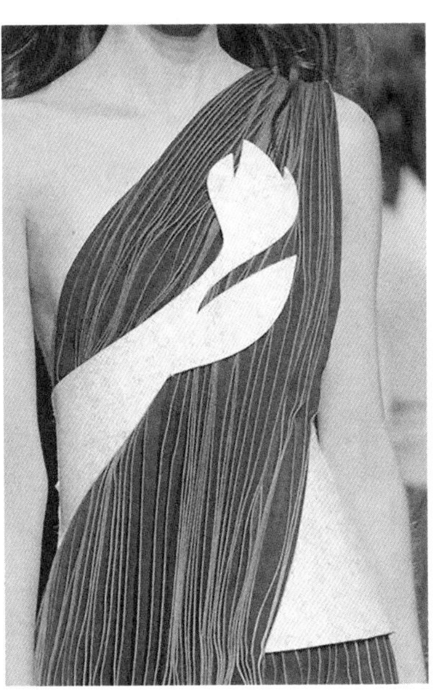

图1-2-39　对比调和3

蓝灰色褶裥面料与白色面料对比明显，在蓝灰褶裥面料中加入对方——白色面料，获得调和。

图1-2-40　单套设计搭配调和

作品在脖子处运用和下裙面料一样的围巾，调和视觉冲突。

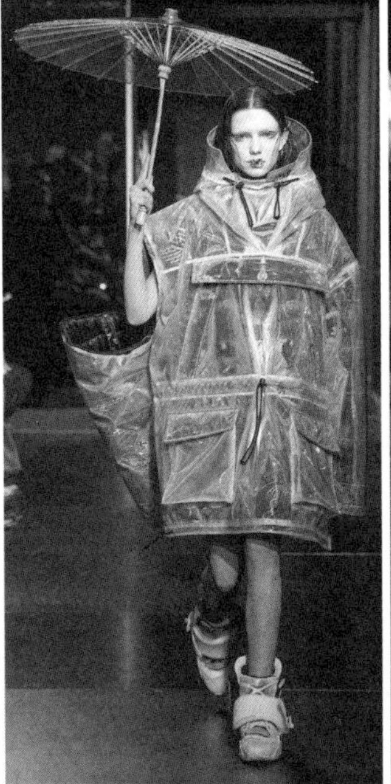

图1-2-41　马丁·马吉拉（Maison Margiela）2018春夏

饱含相似风格元素是系列设计搭配的基本要求。

1. 服装比例的应用形式

比例是服装设计中常用的形式美原理，无论是单品设计、系列设计，还是形象搭配，比例应用都应该受到重视。在服装设计中，比例的应用形式分为：比例分割与比例分配。

（1）比例分割

比例分割是将一个整体分成几个小面积的部分，这些部分与部分的比例或者部分与整体的比例关系即比例分割关系。这种比例关系常应用在服装单品设计中，前文所讲服装的“面的分割”就属于比例分割的应用。

（2）比例分配

比例分配是在两个及以上的物体间存在的某种比例关系，这种关系常出现在系列设计和服装搭配中（图1-2-42）。

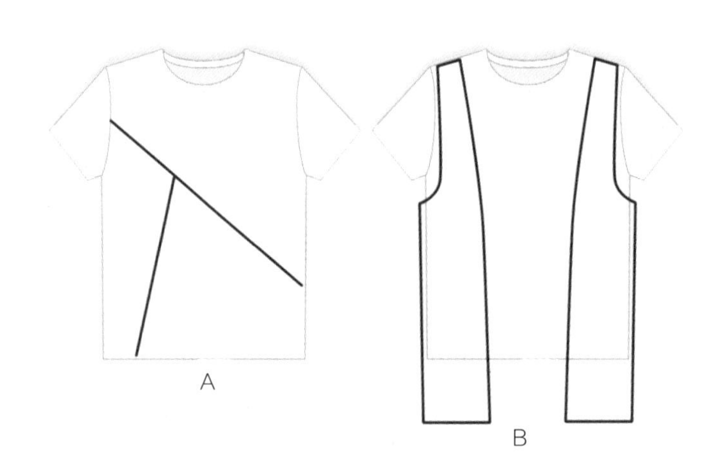

图1-2-42　A比例分割，B比例分配

2. 经典的比例类型及其在服装中的应用

（1）黄金比例

在艺术领域影响最为广泛的非大名鼎鼎的黄金比例莫属，大多学者认为黄金比例的来源与古希腊毕达哥拉斯学派有关。如果将一条线段分成两个部分，线段AB（整体）与AC（长）的比值和AC（长）与CB（短）比值相同，都是1.61803：1，也可以表示为（$1+\sqrt{5}$）：2。反之，CB（短）比AC（长）等于AC（长）比AB（整体）即0.618：1，也可以表示为（$\sqrt{5}-1$）：2。图1-2-43中的C点叫**黄金分割点**。AC和AB的比0.618就称为**黄金比**。

图1-2-43　黄金比例线段

我们要给一个线段找到黄金分割点，可以利用圆规尺进行确定。

第一步，设已知线段为AB，过点B作$BD\perp AB$，且$BD=AB/2$；

第二步，连接AD；

第三步，以D为圆心，DB为半径作弧，交AD于E；

第四步，以A为圆心，AE为半径作弧，交AB于C，则点C即为我们要找的黄金分割点（图1-2-44）。

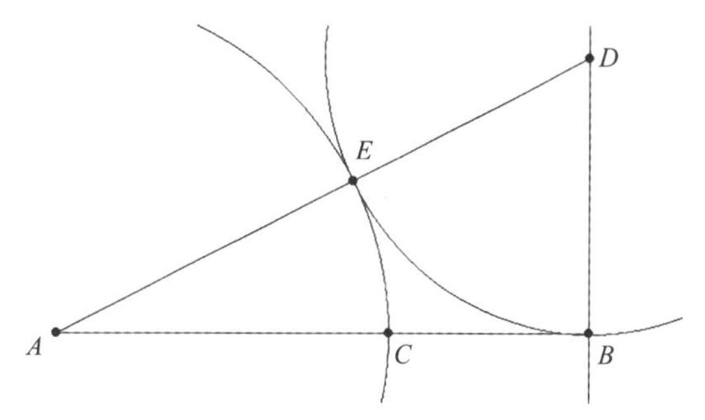

图1-2-44 黄金分割点的确定

以黄金分割线段为基础产生的矩形为**黄金矩形**。在黄金矩形中，长宽比0.618即黄金比，以黄金矩形的任意顶点为圆心，以短边为半径画弧，交于长边的点是长边的黄金分割点，以此点画分割线，分割出的矩形仍旧是黄金矩形，这样的分割可以无限制地分割下去。（图1-2-45）

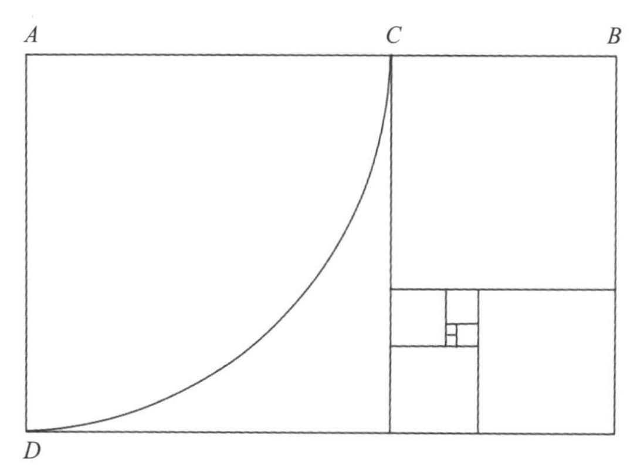

图1-2-45 黄金矩形

黄金比可以说是各种比例研究的源头，是人利用自然科学解释美的最早尝试之一。黄金比例在自然界中普遍存在，可以找到很多案例，自从被人类发现并总结出来后，又不断被发展和应用在各种艺术领域。（图1-2-46）

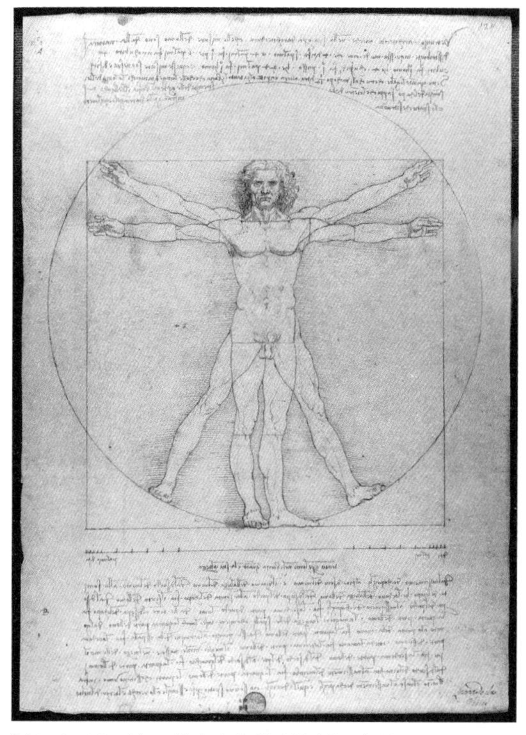

图1-2-46 达·芬奇人体黄金比例研究图

斐波那契数列是在黄金比例基础上得来的，因数学家莱昂纳多·斐波那契（Leonardoda Fibonacci）以兔子繁殖为例而引入，故又称为“兔子数列”。因为黄金分割带有小数点，使用起来不便，于是取有效数排成数列，这个数列从第三项开始，每一项是前两项之和，数列为1：2：3：5：8：13：21……。斐波那契数列中的前一项与后一项比，越来越接近黄金比，渐变比例递推而有规律。

自然界中这样的数比比皆是，例如：在树木的枝干上选一片叶子，记其为数0，然后依序点数叶子（假定没有折损），直到到达与那些叶子正对的位置，其间叶子数多半是斐波那契数。叶子从一个位置到达下一个正对的位置称为一个循回。叶子在一个循回中旋转的圈数也是斐波那契数。在一个循回中，叶子数与叶子旋转圈数的比

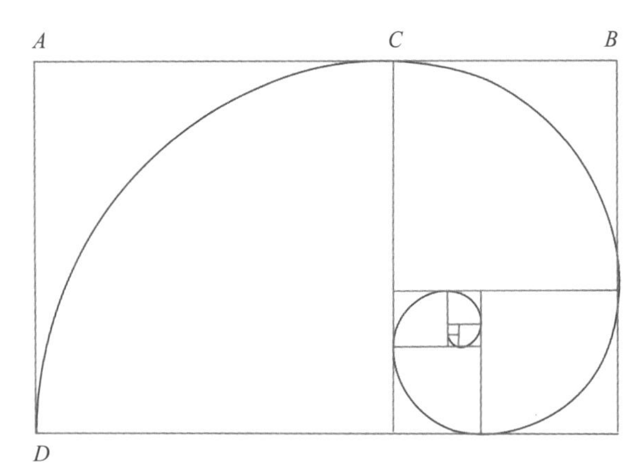

图1-2-47 斐波那契数列

称为叶序比（源自希腊词，意即叶子的排列）。多数的叶序比呈现为斐波那契数的比。

斐波那契数列以几何形态展现，就会在黄金矩形中出现连续的螺旋形态，这种形态具有稳定的运动效果，这也是黄金比例为什么如此受古典艺术宠爱的原因之一（图1-2-47）。

黄金比例以及其相关数列，主要应用于古典绘画、摄影、建筑、平面设计等领域，在服装设计中涉及两个方面。第一是表现人体的比例分割，第二是服装间的比例分配。人体中，将全身长定为8个头长，头与身体比为1：7，把人体以肚脐为界分成上下两个部分，上部与下部比为3：5，下部与全身比为5：8；这些都接近黄金比。这样的比例被认为是最具古典美和协调美的人体比例。当然，如果我们想表现的服装风格刚好不古典，那就要尽量避开这个人体比例了。服装间搭配的比例分割也如此。因此，不管是分割还是分配，其主要作用无外乎表现风格或达到视觉和谐而已。（图1-2-48）

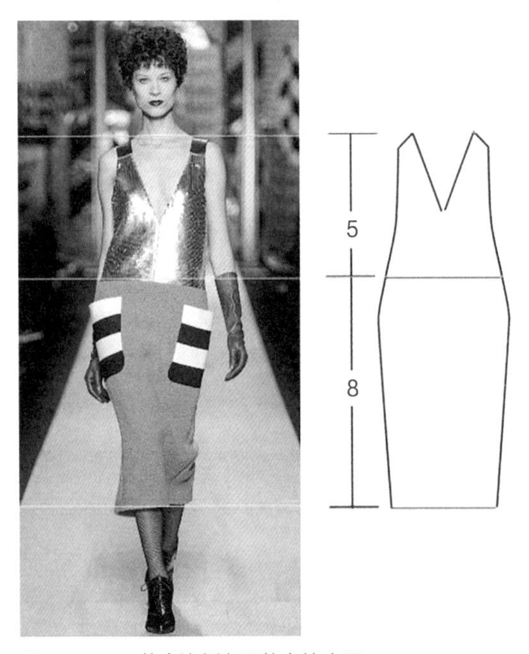

图1-2-48 黄金比例在服装中的应用

（2）根矩比例

正方形一边为1，对角线为$\sqrt{2}$。以$\sqrt{2}$和1为边得出对角线为$\sqrt{3}$的矩形，以此类推：1：$\sqrt{2}$，1：$\sqrt{3}$，1：$\sqrt{4}$，1：$\sqrt{5}$等，通过开根号可以得出一组约等于的比例：1：1.4，1：1.7，1：2，1：2.23等。根矩比有比较强的逻辑性，利用根矩比可以推导出类似黄金矩形的根矩比矩形。其中将$\sqrt{2}$矩形对折后，面积是原来的一半，但出现小矩形的比例与原有大矩形的比例却为一致，我们现在使用的A4打印纸就是这种比例，是国际标准纸张的算法，因此1：$\sqrt{2}$的关系更具有工业感和现代感（图1-2-49）。在服装中，各种根号比例都能见到，体现不同的风格倾向（图1-2-50）。

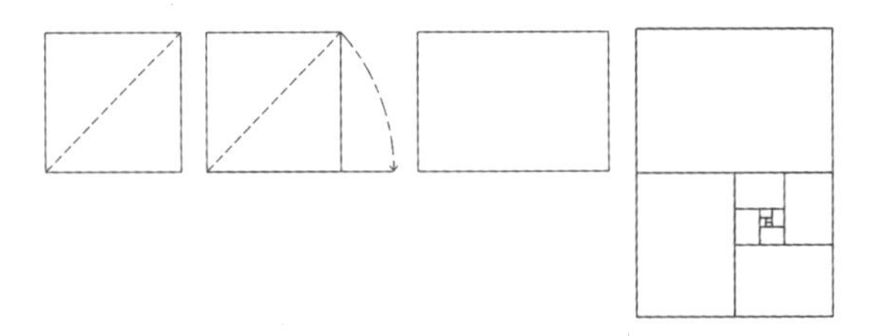
图1-2-49 根矩比

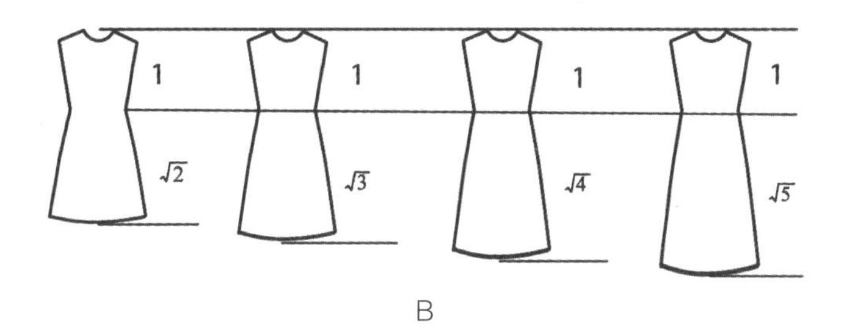

图1-2-50　A为1 : $\sqrt{2}$的服装实例，B几种根矩比的示意图

（3）百分比比例

百分比是我们平时生活中常用的一种比例，在服装中，这种比例关系也非常的简单直观，在此不一一赘述。

总结以上比例可知，服装设计中的“比例”主要是作用于表现风格、表现流行、表现审美三个方面。

不同服装比例表现不同的风格倾向，例如黄金比例倾向于古典、自然、旋律、和谐，根矩比例倾向于现代、理性、工业等。当服装其余元素不变时，比例的变化可以直接导致风格的变化，这也足以证明比例对于风格塑造的重要性。

很多所谓“不入时”的服装都是从“不入时”的比例开始的。每个流行季里都有“比例”的鼎力相助。

【训练 2】比例提取与应用训练

这个训练包括两个形式：

1. 改变已有服装比例来感受比例与风格的关系（图1-2-51）或者利用相同元素服装拓展不同比例来感受比例与风格的关系（图1-2-52）。

2. 将某一季的发布会，以小图的形式铺满屏幕，提炼主流比例。将这一季多场发布会的主流比例进行对比，分析主流比例是什么，这些比例之间存在什么样的内在关系。这种方法不仅适用于比例学习，廓形、版型、色彩等方面的学习也都可以用这种方式（图1-2-53）。

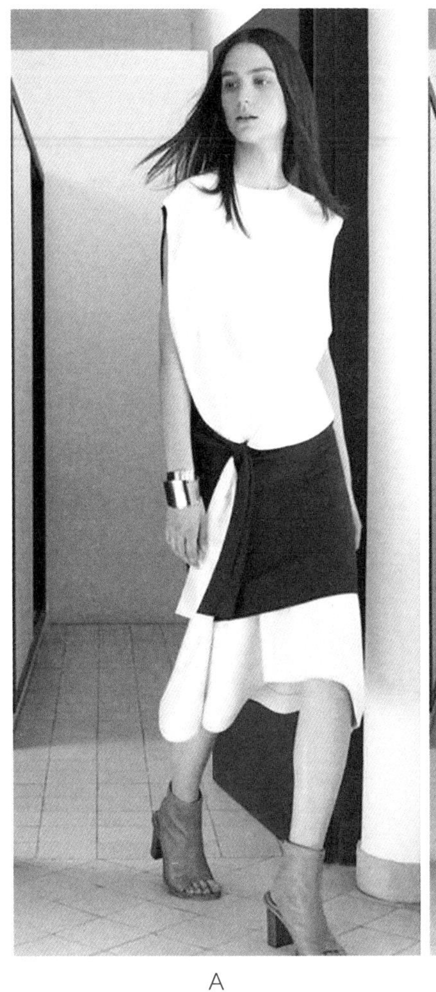

A

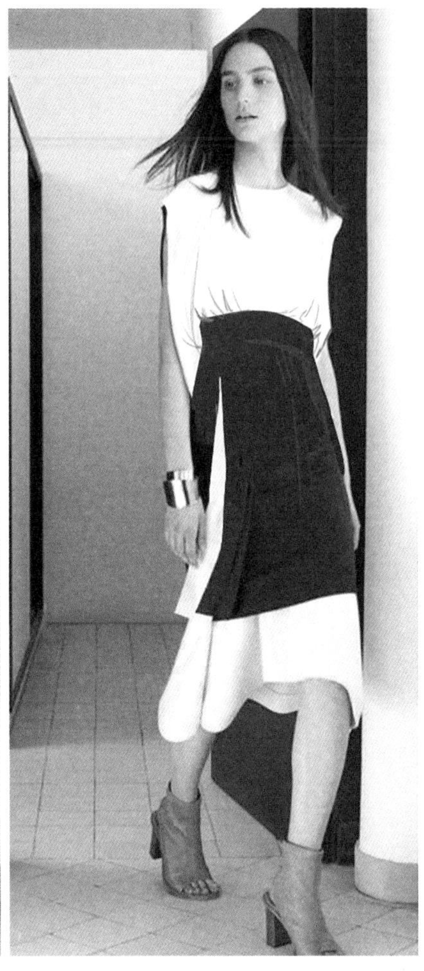

B

图1-2-51　比例与风格变化（1）

以上两张图，仅对裙子比例进行了简单的变化，是否感到风格的变化？

A和B，哪个更具现代感，哪个更具古典感？

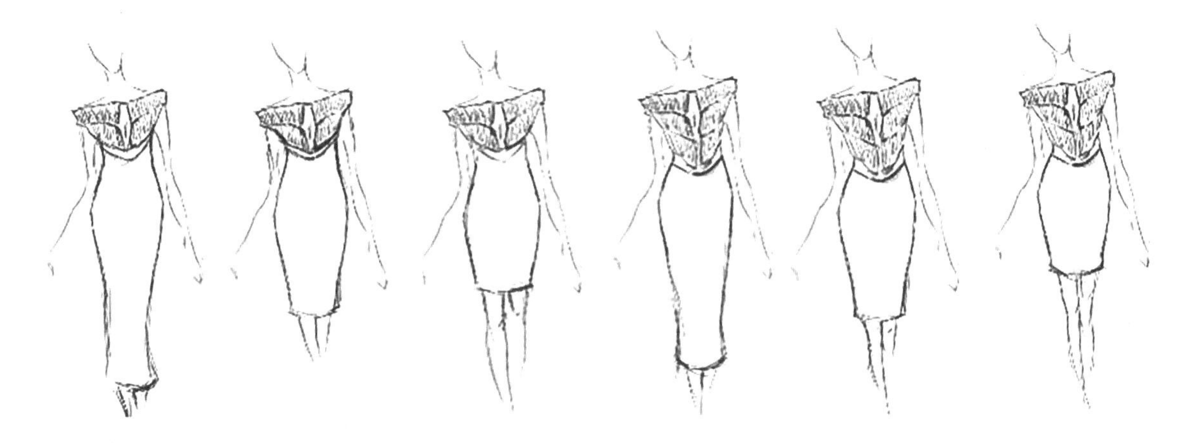

图1-2-52　比例与风格变化（2）

图1-2-53　比例流行研究图

通过上图的简单总结可以发现，2021秋冬比例中有两个方向：A是胸下位的短上衣配较长的下装的两拼比例。B的方向是大廓形上装长度到臀甚至以下，搭配很短小的中裤再配长靴子这样的三截比例。除了这两种典型比例，还有一种中间状态C的比例，是利用夸张袖子或者肩部，结合短上衣的三拼比例或者两拼比例关系。

以上的分析总结过程非常适合设计师的常态学习。

我们林林总总地分析了服装中的诸多形式美规律，总的可以概括为“变化统一”。设计中，合乎产品价值并符合我们设计意图（这里指例如风格、象征等意图）是取舍的标准。当我们需要表现静止或者运动的稳定性时，“统一”是必要的，但是当设计借助其他手段或部分“统一”就可以达到想要的状态时，往往人们更偏爱“变化”带来的多样性。

三、中国美学思想对服装设计的影响

现代服装设计产业以西方服装为基础发展而来。中国传统服装与西方服装无论从形制到审美都大相径庭。当然这里所谈“西方”服装和中国传统服装并列比较存在一定的问题。因为讲“中国传统服装”是讲一个国家的服装发展，而“西方”并不是一个国家，其实在“西方”国家中，服装各有其发展特点。“中国”和“西方”不在一个维度里，其实这样做对比，理论上并不规范，但是为什么我们还常常这样谈呢？因为西方各国服装具有相近的地缘属性，从历史的发展来看，有较强的联系性。与以中国为代表的“东方”服装进行对比学习，有利于在设计上更好地理解现代服装的发展脉络，并从整体上发现一些规律。随着我们对服装学习的深入，进一步更细致地分辨服装的发展特点也是必要的。

中国传统服饰以丝、棉、麻为主要服装材料，以平面“十”字形为主要结构形式，以宽衣广袖为主要服装造型特点。然而，中国历史悠久，地广人众，不同时期的服装以及同时期、不同地区的服装，甚至同时期、同地区的服装，都有不同的形式并存。要做好中国传统服装的传承与创新设计，不仅要学习服装设计的知识、技法，还必须对中国服装史了然于胸，同时也要对中国传统文化有相当的研究，着实不是一件易事。

明末清初学者叶梦珠曾在《阅世编》中谈及中国传统服装，所谓“一代之舆，必有一代冠服之制，其间随时变更，不无小有异同，要不过与世迁流，以新一时耳目，其大端大体，终莫敢易也。”这说明，中国传统服装的发展变化，无论从时间跨度还是空间跨度上都很大，但是有其相对稳定性，这也给我们从意识形态方面进行分析提供了可能。在基础学习阶段，我们就服装中最具影响力的一些中国美学知识及服装表现进行讲解，略感受一二。

（一）尚物

中国美学讲“尚物”，主要来源于敬自然、爱民生这两个自然哲学命题，这也是中国众多传统文化及美学流派的主流基调之一。“尚物”又可细分为三种表现：**实用**、**节俭**及（对造物进行）**审美**。

1.“尚物”表现为传统造物对“实用”的要求

我们知道“美学”源于“哲学”，中国古典哲学（很多学者认为中国古典思想不属于哲学范畴，但是我们按主流观点，姑且称之为哲学）偏向和立足于解决现实问题，例如：中国的“阴阳五行”作为道家等中国古典哲学学派的发源点，一开始只是客观存在，后逐渐被人们用以解释王朝兴衰，并指导人的行为而存在。在“应用”为轴心要求的哲学指导下，中国古典“美学”天然具有“实用”的属性。

中国古典造物中的“实用”包含两个内容，一个是纯粹的物质上的实用，即指物品要“好用”：传统匠人通过巧思、精进工艺、改进用料及因地制宜的变通方法实现不断追求物品的“好用”。另一个是精神意义上的“实用”，强调造物要讲究内涵和溯源。这也使得中国传统器物都有严格的规制，并且作为主要装饰手段的图案也常常具有“有图必意”的设计特点。由此可见，在中国传统造物意图中，“单纯为了美”是不如“有用，有意”重要的。

2.“尚物”表现为传统文化对“节俭”的崇尚

谈到节俭，我们首先想到的就是墨家思想。墨家“十论”（兼爱，非攻，非乐，节葬，节用，非命，天志，明鬼，尚贤，尚同）里两项都与节俭有关。墨子在《七患》里说：“当今之主，其为衣服，则……必厚作敛于百姓，暴夺民衣食之财，以为锦绣文采靡曼之衣。”“当今之主，其为舟车……全固轻利，皆已具矣，必厚作敛于百姓，以饰舟车，饰车以文采，饰舟以刻镂，女子废其纺织而修文采，故民寒，男子离其耕稼而修刻镂，故民饥，人君为舟车若此，故左右象之，是以其民饥寒并至，故为奸邪。”墨子认为：利是圣人之道，一切繁文缛节，是对社会最大的浪费，要改变这种状况，就必须在“好用”以外还要强调“节用”。由此可见，春秋战国时期的政治家从维护政权和国计民生出发，多以节俭为由反对审美活动，主张只要满足生存需要即可。这是战争时期物资匮乏的极端主张。今天，我们并不认为要反对审美，但是，以民生为本、以节俭为尚的观念，在过分追逐时尚潮流更替的现状里，颇有现实意义。

我们都知道“儒墨之争”，墨家思想源于儒家却在发展中自成一派，最终与儒家的很多思想背道而驰，那么儒家是不是不讲节俭呢？《论语》中孔子讲：“奢则不孙，俭则固，与其不孙也，宁固。”这就是说，奢侈不顺于礼，太节俭又陷于固陋，（虽然都不好，但是两相比较）与其不合礼数，宁可简陋。这充分说明即使是在强调传统礼教的儒家思想中，节俭也是非常重要的。

3.“尚物”在中国传统哲学和美学（仅从对造物的审美判断方面）中表现为崇尚“简约”的审美取向

明朝末年画家文震亨在《长物志》中提出：“随方制象，各有所宜，宁古无时，宁朴无巧，宁俭无俗。”这是古人对简单中包罗万象的哲学表达。而我们知道，往往哲学理念会直接形成某种审美取向，因此，在中国传统美学中就有了“无中生有”“澄怀味象”中的“简洁”才能“大气”的审美品位。

明末清初资产阶级萌芽出现，新的价值判断依旧偏爱“简洁”。李渔将中国古代工艺设计的风格归结为“总其大纲，则有二语：宜简不宜繁，宜自然不宜雕斫。凡事物之理，简斯可继，繁则难久，顺其性者必坚，戕其体者易坏”。还认为“土木之事，最忌奢靡，匪特庶民之家，当崇简朴，即王公大人，亦当以此为尚。盖居室之制贵精不贵丽，贵新奇大雅，不贵纤巧烂漫。**凡人止**[①]**好富丽者，非好富丽，因其不能创异标新，舍富丽无所见长，只得以此塞责**”。尽管这种审美取向也尚“简”，但其概念与传统美学中的“道化万物”“无中生有”的造物观并不相同。李渔的审美观很有现代设计观的味道，**更多强调人的智慧作用大于简单的贵物堆砌。**

如前文所述，现代设计中“人的智慧”带来的创新与变革是评价设计的重要参数，并以此来区别“匠人”时代的工艺美术与现代设计。当然这并没有比较高下的意味，不过是社会发展的需要以及时代的价值判断变化。在今天，即使是以精工细作为要求的“高级定制”，也需要更多的设计思维体现和技术突破。一味地以繁杂工艺和奢饰材料来彰显品牌，那设计师的价值是什么呢？不是说不能用好的工艺和物料，而是说，以最少的物料和人工达到最好的效果与功能，才是现代设计应该追求的最高水准。

4. 尚物观对传统服装的影响

（1）传统服装的尚物观体现为“实用”的案例

现存的中国传统服装实物中，“有用”表现为两个方向，一个是功能上的“有用”，一个是“精神”上的“有用”。首先我们看“功能”性实用，举清朝的满族服装琵琶襟（缺襟）为例。满族为马上民族，善骑射，能征

---

① “止”，副词，通“只”，只是；仅仅。《黔之驴》：“技止此耳。”《活板》：“若止印三二本，未为简易。”

战。缺襟袍（图1-2-54），其袍右襟裁下一块，然后用钮扣系住，这样打开纽扣以便骑马行走，系上纽扣又可以像常服一样，这种结构一般多用于行装，后来演变成一种标志性的结构，广泛用于袍、马褂、坎肩等服装上，因其形状与琵琶相似，又名琵琶襟，是服装中典型的实用功能结构。清朝除了琵琶襟，还有一字襟、人字襟，都是功能性结构（图1-2-55）。骑马行军时，人一手要拉缰绳，脱衣服时只能用另一只手，单手操作很不方便。并且，行军打仗要穿盔甲，要脱一件衣服更是麻烦。一字襟和人字襟，就能很好地解决这个问题，不仅从发力上利于单手，而且可以从领口

图1-2-54　清，康熙，油绿色云龙纹暗花缎绵行服袍

A

B

图1-2-55　A清，人字襟坎肩，北京故宫博物院藏

B清，一字襟坎肩，北京故宫博物院藏

伸进盔甲里将扣子解开，那么坎肩就变成一个筒子，从后脖颈处往外一拽就能脱下，不需要把外面的盔甲脱了再穿。**我们可以发现往往活动要求高的服装，在结构上都有出色的实用表现。**

接下来我们看一下“精神”上的“有用”。如果说传统服装讲求规制与意义，极致莫过于各个朝代的皇帝礼服了。我们以清朝为例（图1-2-56），据《清史稿.志七十八朝 · 舆服志》记载:“龙袍，色用明黄。领，袖俱石青，片金缘。绣文金龙九。列十二章，间以五色云。领前后正龙各一，左，右及交领处行龙各一，袖端正龙各一。下幅八宝立水，襟左右开，棉、袷、纱、裘，各惟其时。”说明到了清代，对龙袍在形制、制作工艺、装饰图案以及对于衣服的色彩上都规定得十分严谨、苛刻，文中所及的“十二章”官服纹章规制是中国章服制登峰造极的代表。中国的纹章制

图1-2-56　清，乾隆像，北京故宫博物院藏

度客观上经历了“夏尚天”“商尚鬼”，于“周”而初现，故常言“周尚文”①。纹章制度用于官服始于汉，但不成完整体系。“十二章”纹章成系统是在唐代，并发展于宋元，于明清时期系统规范地用于官服纹章制度中，清末期达到规制的顶峰（清早期十二章纹不多用，且系统性差，到乾隆时期开始系统、大量地用于龙袍）。**十二章纹**：**日**、**月**、**星辰**，取其照临之意。**山**，取其稳重、镇定之意。**龙**，取其神异、变幻之意。**华虫**，美丽花朵和虫羽毛五色，甚美，取其有文采之意。**宗彝**，取供奉、孝养之意。**藻**，取其洁净之意。**火**，取其明亮之意。**粉米**，取粉和米有所养之意。**黼**，取割断、果断之意。**黻**，取其辨别、明察、背恶向善之意。十二章纹饰在明清时期基本相似，但是分布位置不同。明《三才图会》记载：日，月，星辰，山，龙，华虫，六章在衣，宗彝，藻，火，粉米，黼，黻六章为裳（上为衣，下为裳）。到清代，少数民族统治者为了彰显“自我”权威，将黼、黻改在衣上，这样衣为八章，裳为四章。这进一步说明纹章及经营位置是有明确寓意规范的。（图1-2-57）

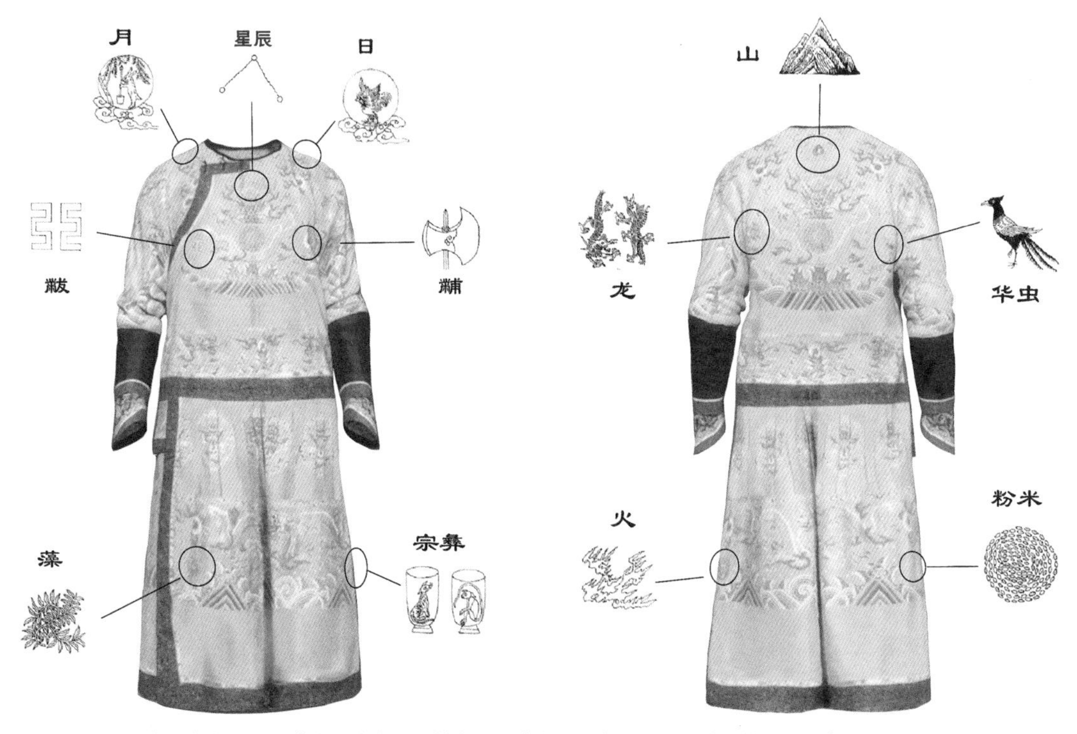

图1-2-57　十二章纹章布局示例（清，咸丰，明黄色彩云金龙纹单朝袍，北京故宫博物院藏）

① 刘瑞璞，魏佳儒.清古典袍服结构与纹章规制研究[M].北京：中国纺织出版社，2017.

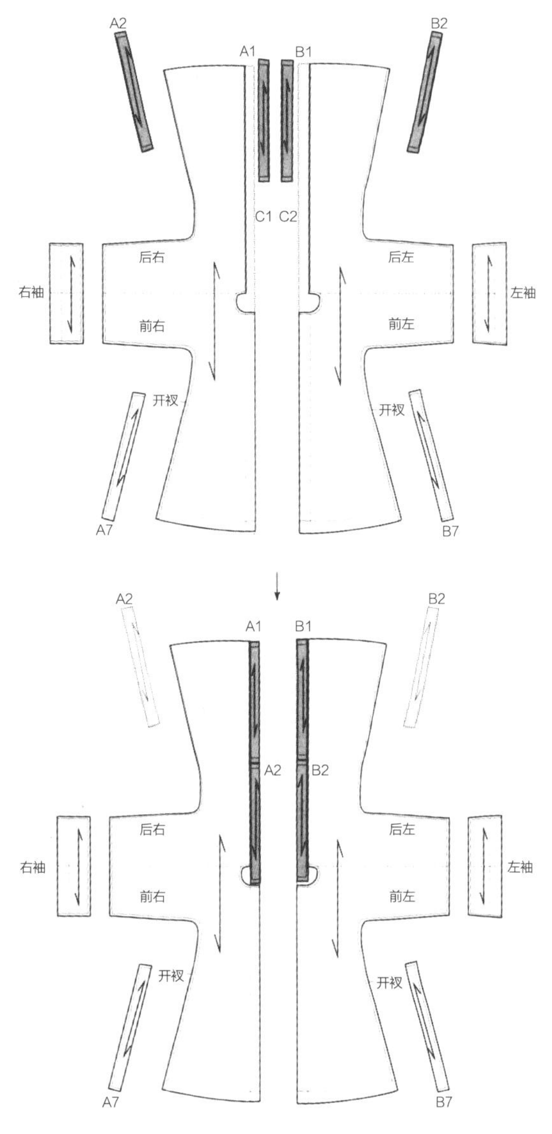

图1-2-58　袍服结构图

（2）传统服装通过“节俭”体现“尚物”。

中国传统服饰以“十”字形结构为主，袖子多有接袖（即袖章），形成这种特点的原因固然有配合章纹位置经营，更好体现中国传统礼教规制，以及增加美观性等原因，但主要是由于丝绸幅宽的限制而决定的。这种“布幅决定结构”的造物理念，充分体现了“人以物为尺度”的传统思想。同样的理念，在排料及工艺中也比比皆是。例如：袍服的后中开衩位于后中一半，且与侧开衩同高，主要是为了将侧开衩的贴边与后衩贴边在排料时夹在后中缝中间，以达到省料的目的（图1-2-58）。这种理念不仅影响结构、工艺，也形成了一些颇具特色的服饰形式。例如：“水田衣”（又名百衲衣，斗背褡）用各色零碎布料拼接而成，因整件衣服织料色彩互相交错、形如水田而得名。最早出现于唐朝，多用来缝制袈裟，后流行于明、清两朝。水田衣最为盛行的是在明朝，是因为明朝极力提倡节俭，并颁布了大量的“惠农”政策，这为水田衣的流行奠定了重要的社会基础。明后期的水田衣的流行主要脱离了原本“节俭”的初衷，而是转向“求异”的“小众”审美。**通过这个实例可以了解，很多形式感强、特异性强的服装，早期是有一定的物质原因或精神原因的，只是在发展的过程中背离了最初的原因而让人很难从表面上理解。**（图1-2-59）

图1-2-59　清，水田衣，美国明尼阿波利斯艺术博物馆藏

（3）尚物观对传统服装的审美取向的影响

尚物观影响了“实用”和“节俭”的服装要求，同时也影响传统服装的设计审美要求。例如：在传统服装审美里，表现为尽量取整，这就是希望不破坏物料，以物料本身的完整性、整体性、天然性为美。甚至服装从利于“取整”的平面裁剪发展到合体裁剪的旗袍时，依旧保留了无后中的审美取向。当然，今天的面料幅宽变化，审美也多元，现代的旗袍大多为了排料节约和方便穿脱而选择开后中，上拉链。但是，对比传统旗袍完整的背部，我们不得不承认，还是传统的审美似乎更“高级”、更“考究”。（图1-2-60）

A

B

图1-2-60　旗袍有无“后中缝”对比

A影视剧中的现代制旗袍，后中破缝，后开拉链。

B民国时期照片，后中完整无破缝。

（4）传统服饰中“节俭”“有用”（礼法规制）、“审美”的综合应用

综合应用是最全方位的“尚物”体现。典型的例子是明清两代服饰“外整里拼”的服饰特点。所谓“外整里拼”，是指外面面料尽量取整，以便体现礼仪，保证美观；而里料选择“拼”，为了充分利用边角料。这样，既充分利用面料达到“节俭”的目的，又很好地体现了“内外尊卑”的思想。（图1-2-61）

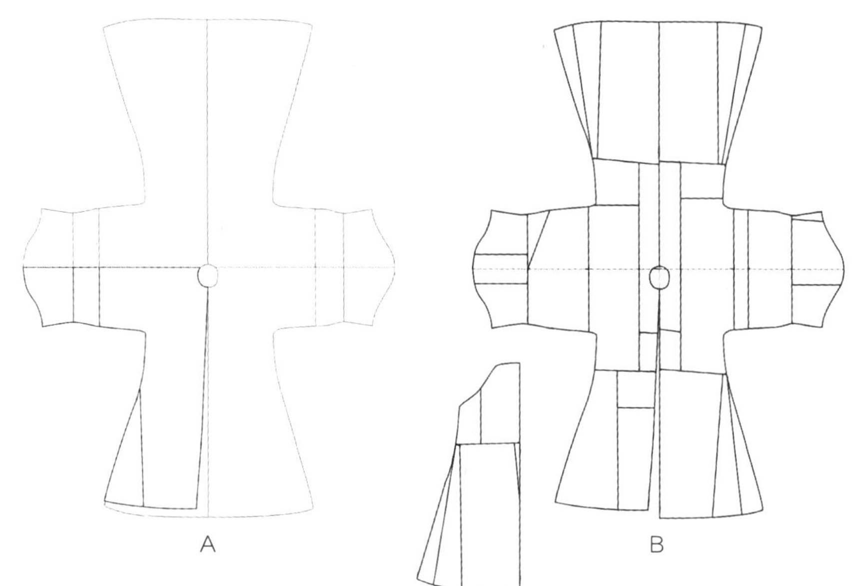

图1-2-61 清末女子袍服，北京服装学院服饰博物馆藏
A外部主面料结构示意图。
B内部衬里结构示意图，可以明显看到“外整里拼”的结构差别。

由上述可见，“尚物”的观念使得“布幅决定结构”“用整不用裁”“表整里拼”“碎布尽用”等成为千百年来中国传统裁衣的准则。

（二）适当（形式美要求）

1.“适当”是中国古代人对形式美的要求。孔子说：“质胜文则野，文胜质则史，文质彬彬，然后君子。”这就是说，质朴胜过了文饰就会粗野，文饰胜过了质朴就会虚浮，质朴和文饰比例恰当，然后才可以成为君子。孔子提倡一种在社会的理性基础上追求感性的形式美的思想，要求“文”与“质”统一，“彬彬”指配合恰当才是人的一种完美状态。

2.“适当”在服装中的表现

“适当”在服装的设计及工艺、顺序等方面皆有体现。例如：清末的官服织造的基本流程为“先绣后裁片缝制”，这样一方面方便“十”字形章纹布局的规划，使其达到“中庸”的礼制需求，一方面有效规划刺绣的工艺和流程，因为很多官服尤其是皇帝的服装刺绣工艺繁杂，需要设计工艺手法及流程次序，且不一定由同一个人完成。这种明确的规范，在不同的情况下，也会有所调整。我们也会看到很多袍服因各种原因，存在亦绣亦缝或亦缝亦绣或者夹杂补绣等情况，通常是为了达到服装效果和礼制规范的协调获得“适当”的效果。

对“美”的理解与发展，一直是一个社会处于何种阶段的重要风向标。饿殍遍野的时候，首要是保证民生而不是发展美育。根据格式塔心理学研究，人在满足低级需要之后会进一步追求高级需要，因此，当社会发展进入一定阶段，对“美”的需要会随之提高。“美”的需求程度，就是一种民生状况最明显的反映。服装的美就蕴含在每个阶段的生活中，我们通过“服装”可以窥见生活，也能通过生活去理解“服装”。

本节，我们从中西方的美学角度，对如何进行服装审美予以解释，这是展开服装设计的重要准备工作。长久以来，“美”常常是不能被解释的，那么“美”的规律就更难获得。艺术中僵硬的规则是不必要的，但是从规则中进行规律总结是有意义且必要的。米开朗琪罗教导他的学生马库斯：“一定要以金字塔形的、蛇形的和摆成一种、两种或三种姿态的形态，作为自己的构图基础。”这条规则乍听起来很古板，细品就能发现其中蕴含了米开朗琪罗进行艺术创作的秘密——艺术作品可能具有的最大魅力和生命就是表现运动。如果理解不到这一层，这个规则就成为僵死的束缚，而理解了深层的规律，就能了解意义并灵活应用，这就是艺术规律在学习和创作中的价值。艺术学习不仅要区分规律与规则，还要认识到，即使是规律也不是“万金油”，更不是束缚。一切规律都不是刚性的，而是因人而异并随时代发展变化的，就像前文中罗丹的艺术作品的创作标准并不能适用于所有人、所有形式和所有时代的艺术作品。

轻松一刻，品牌介绍（二）：艾利斯·范·赫本

艾利斯·范·赫本（Iris van Herpen）简称IVH，是2007年由艾利斯·范·赫本创立的同名荷兰服装品牌。该品牌的设计特色在于勇于尝试高科技，利用最新的摄影和印刻技术不断挑战新技术与时装设计结合的极限。她最经典的成名系列是在2011年7月巴黎高定时装周期间推出的“飞腾”（Capriole）系列。该系列中，设计师尝试将传统缝纫手工艺与快速原型设计结合。她首先将塑料材料切成条状，利用机械加工中的“3D激光烧结”工艺形成三维立体效果，再辅以人工缝纫，完全颠覆了传统服装的制作过程。

那么，3D打印一件衣服到底是怎样的过程呢？

第一步，用CAD建立物体的三维模型并分层。

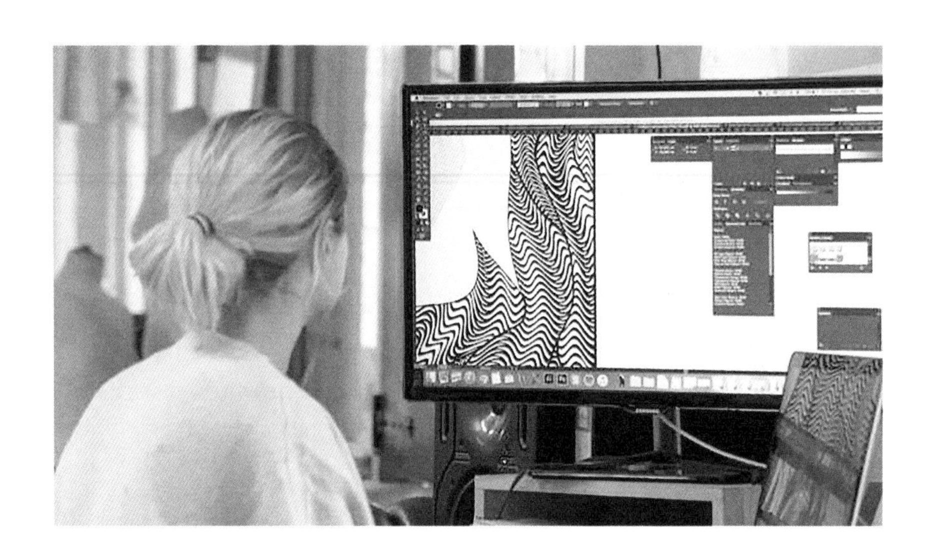

第二步，将原材料放入3D打印机内，机器将材料融化后按电脑设计好的分层，依次喷出。

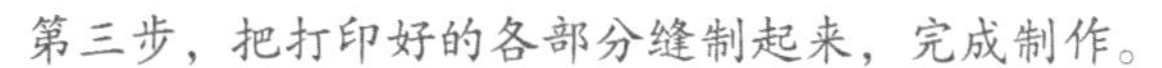

第三步，把打印好的各部分缝制起来，完成制作。

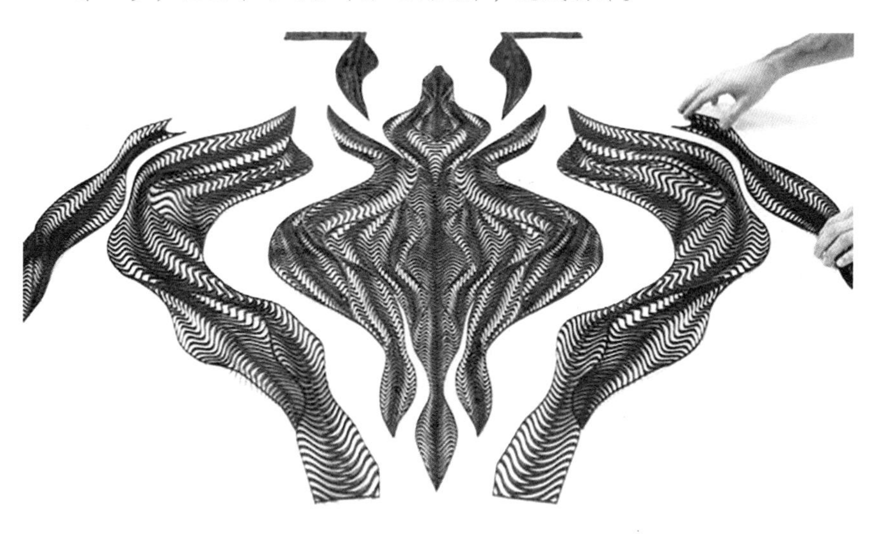

当然，应用的方法还有很多，比如先打出一个凹槽的底，再手工注入硅胶等材料进行二次创作。

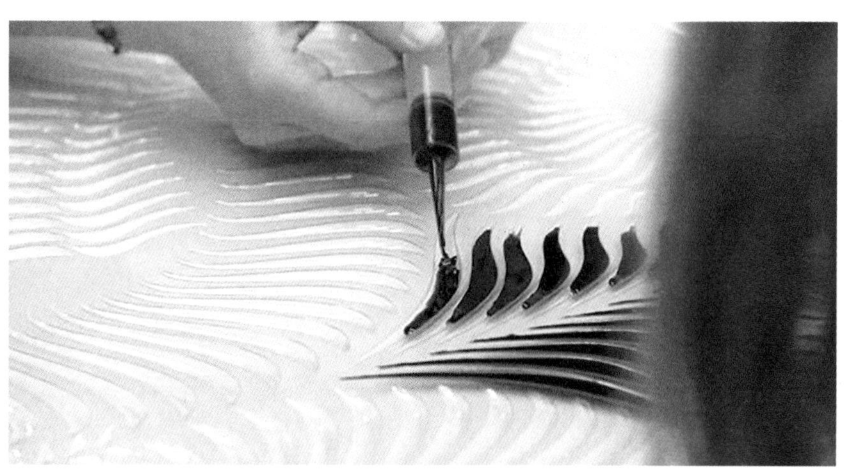

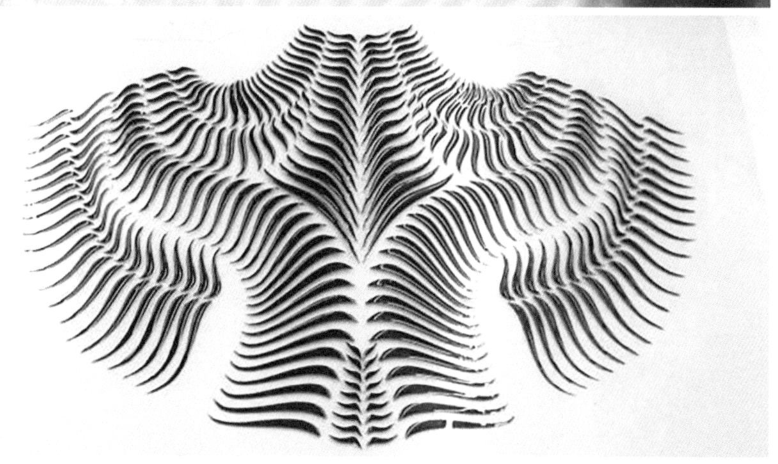

随着艾利斯对3D技术的深入了解，她的应用不满足于单纯营造视觉效果的目的，从对古生物、外太空的模仿与想象，到对内化的自我的表达，再到对3D技术的柔化不断进行探索（图1）。

图1 A 2013春夏，B 2016/2017秋冬，C 2018秋冬，D 2020春夏

艾利斯和上一节介绍的扎克一样，他们都尝试了新技术与传统设计的结合，区别是艾利斯的设计对新技术用得更纯粹，她的设计手法可以让设计师的设计过程变得像绘画一样自由随性，不受传统材料制版和工艺的限制，这是极其有意义的。当然，艾利斯的服装设计缺点也很明显，就是很难量产，看着就知道不舒服。品牌定位于高定是很正确的，因为高定的客户目的显然是夺人眼球而不是出街买菜。同时，我们也应该注意到，越是有夸张特点的设计风格越容易让受众视觉疲劳，该品牌已然成功出位，接下来的设计也要考虑除了一排排弯曲的线条和炫彩夺目的未来感材料，还有什么可以继续品牌的基因而又一直能保持惊人的视觉效果。并且，要发展成衣市场，必须拓展3D技术的实用性。近几年设计师不断将技术“软化”，在各种传统面料上进行3D打印，将3D打印技术向着一种“新绣花”的概念发展或许是一种尝试。同时在成衣化之前，用什么手段来突破资金支持的壁垒，也很值得我们思考和期待。

第三节　视错在服装设计中的应用

上一节谈论了很多美学规律，我们的审美之所以能够找到一定的规律和形式，必须依赖于知觉的恒常性。知觉的恒常性（Perceptual Constancy）指知觉系统在一定范围内保持的对客观事物的稳定认识。这意味着，当客观条件在一定范围内改变时，我们的知觉映象却在相当程度上保持着它的稳定性。知觉的恒常性特点，一方面使我们能够相对稳定地认识世界，一方面也会由于大脑太相信自己的经验而形成与客观事实不符的视错。

你看到下图在动么（图1-3-1）?

图1-3-1　测试图

对，不是你的眼睛出了问题，这是因为图中的特殊排列会让我们大脑负责颜色和形状的神经元饱和，这种脑部活跃导致负责运动的区域以为侦测到了信号，产生了动态认知，因此图形有动起来的错觉，这就是视错觉。其实，除了图1-3-1中的运动错觉，一切与客观事实不符的视觉感受都是视错的范畴，例如西方古典绘画的透视方法（使二维平面展现三维效果），魔术中的障眼法等。

视错是视觉错觉（Optical Illusion）的简称，也称视错觉，是指在客观因素干扰下或者自身的心理因素支配下，大脑对图形产生的与客观事实不相符的错误感觉。视错的形成在医学和神经生物学、心理学、计算机领域、艺术学、设计学中都有相关研究，通常有三种解释：一是源于刺激信息取样的误差，二是源于知觉系统的神经生理原因，三是用认知的观点解释视错。

一、视错的类别与内容

视错除去病理性的视错（著名的艺术家草间弥生，利用自己的眼睛疾病形成的视错进行创作），从产生原因上视错可分为三种：一、来自外部刺激和对象物本身的**物理性视错**，例如海市蜃楼；二、来自感觉器官上的**生理性视错**又称**感官视错**（图1-3-1）；三、来自知觉中枢上的**心因性视错**，例如《红楼梦》中紫鹃丫鬟编造了一个“明春家里来接姑娘”的谎言试探贾宝玉。宝玉听后信以为真，将花园湖中的石舫错当成是来接林妹妹的船，于是大呼：“把船开回去，把船开回去。”将不会移动的石舫，错当成接林黛玉的船，这种错觉带有明显的心理因素，属于心因性视错。

现代艺术设计随着“设计”概念的更新，越来越拓宽应用边界，生理性视错、心因性视错甚至病理性视错都有应用，但是最常用的还是感官视错。下面我们从视错的视觉结果角度列举几类最常见的视错现象。

（一）造型视错类

造型视错是指视觉产生的对事物的造型判断与客观事实不符。造型视错包括尺度视错、形态视错、空间视错等。

1. 尺度视错包括：长度视错、角度视错、弧度视错、分割视错、对比视错等（图 1-3-2）。

2. 形态视错包括：扭曲视错、方向视错、正负形视错等。正负形是平面中针对图底而言的概念，画面中主体形象的外轮廓及色彩视为正形，主体形象与背景相接的边沿线及背景色彩视为负形（图 1-3-3）。

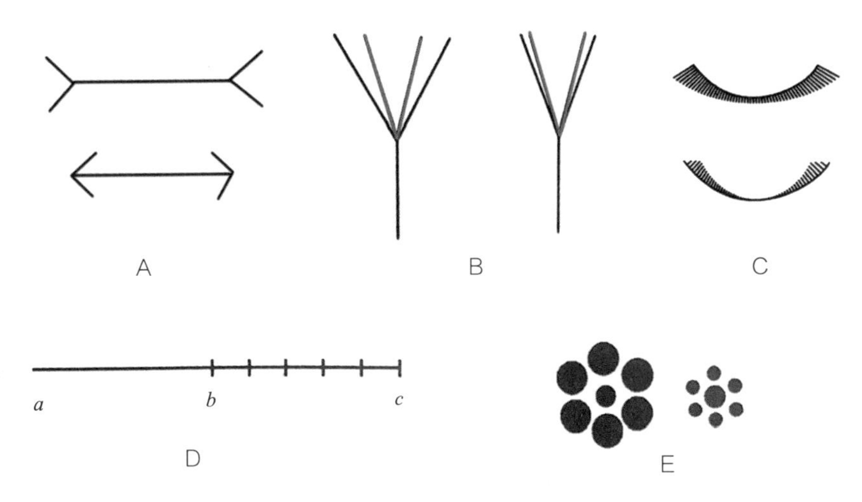

图1-3-2　尺度视错

A长度视错[缪勒·莱耶尔（Muller Lyer）错觉]。图中两条线段一样长，但是看起来上长下短。

B角度视错。图中红色部分夹角是一样大的，但是看起来左侧小右侧大。

C弧度视错。图中，上下弧度相同，但是看起来上图略平，下图略弯。

D分割视错。图中线段ab和线段bc一样长，但是看起来ab更长一点。

E对比视错[艾宾浩斯（Hermann Ebbinghaus）错觉]。图中两个中心点一样大，但是看起来左侧中心点略大。

3. 空间视错一般分为空间表现与空间错位，空间表现分为两种情况，一种是利用人眼对距离的判断以及人眼聚焦或模糊对焦来表现空间效果，例如：绘画中的近大远小、近实远虚、留空留白等空气透视。一种是利用双眼的视觉差，使大脑得出错误判断或虚构的空间感觉。例如三维立体图像（Autostereogram），这种图像一般是计算机制作的，通常利用水平平铺的重复图案再加上一点变化得到。三维世界影像在视网膜上形成平面投影，这就决定了人的视觉系统接收到的原始信号其实是二维的，我们感知到的三维世界需要大脑根据各种各样的空间线索进行重建，如果戴上一副可以颠倒方向的眼镜，那么大脑也会将世界的认知纠正过来，直到你把眼镜摘下来。所以我们说整个世界就是我们大脑的一种合理假设。在大脑构建立体世界时，一个重要的线索就是双眼视差，即把左眼看到物体的样子和右眼看到的同一个物体匹配起来，通过两边的差别，判断物体的远近。在立体画里，大量平铺重复的图案，使大脑在匹配“同一个物体”的时候出现错误。大脑匹配的“同一个物体”其实不是同一个，而是两个长得一样的平铺图案，由此产生了不存在的空间感觉。空间错位通常是依靠转换视角和空间过渡两种手法达到错位效果的。（图 1-3-4）

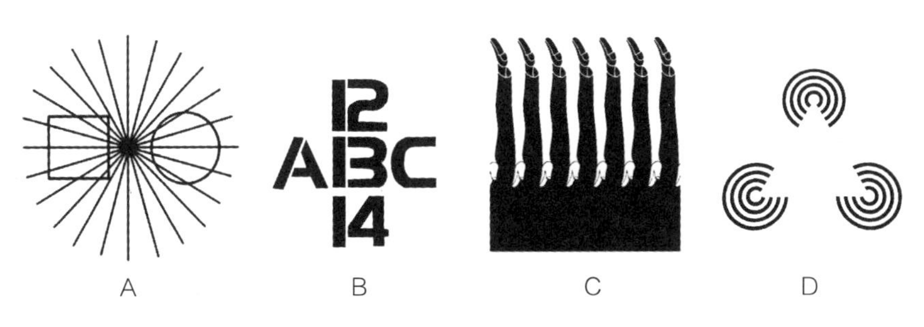

图1-3-3　形态视错

A扭曲视错（奥尔比逊错觉）。将不同的几何形状（如圆形、方形、三角形等）放在线条背景上，发现这些形状看上去均会变形，与此相似的还有黑林视错（两条平行直线放在放射形背景上给人弯曲的感觉）。

B方向视错。横着读我们会认为是A、B、C，竖着读我们会认为是12、13、14。那么中间这个部分既可以被判断为字母B，也可以被判断为数字13。这种视错是由观察方向的变化使大脑对环境判断发生改变而造成。

C福田繁雄作品。该图属于正负形视错中的图底反转，黑色与白色互为底，以不同的观看角度可以看到不同的形态。

D正负形视错。该图中所谓的负形本身是不完整的，或者说不存在的，依靠的是黑色正形之间的关系，人脑自己补充了负形，形成了虚构的三角形。

A

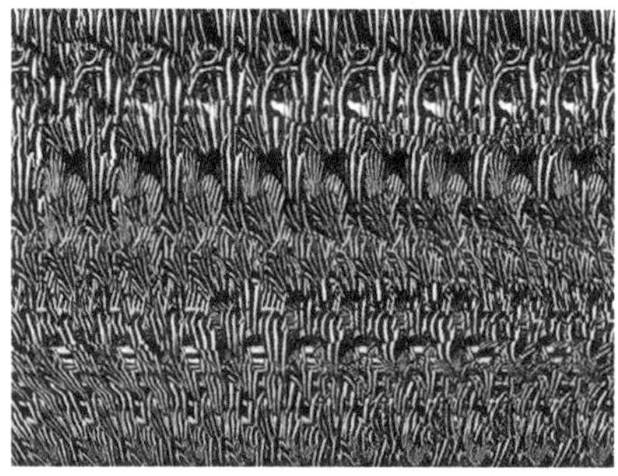

B

C

D

图1-3-4　空间视错

A清代唐岱《山水图》局部，我们可以通过近大远小、近实远虚及留空等获取画面中的距离与景深的感觉。

B三维立体画，利用双眼视差来获得空间感知的一种视错觉。

C、D均属于空间错位视错，来自荷兰版画家莫里茨·科内利斯·埃舍尔(Maurits Cornelis Escher)。C图中的黑色与白色通过中间的过渡，实现空间内外转换，而D图利用转换视角达到空间错位。

(二)色彩视错类

色彩视错是知觉产生了与客观事实不符的色彩感应现象。色彩视错有同时性对比色彩视错、连续对比色彩视错等。

1. **同时性对比色彩视错**指人眼在同一空间和同一时间内所观察与感受到的色彩对比视错现象。一般而言，色彩对比越强烈，视错效果越显著。例如明度相同的色彩，在背景较亮的空间，明度会感觉低，而在背景较暗的空间，明度会感觉高。(图 1-3-5)

2.**连续对比色彩视错**指人眼在不同时间段内所观察与感受到的色彩对比视错现象。通常，人的视觉受到物体刺激作用突然停止后，视觉感应并不会立刻全部消失，而该物的映像仍然暂时存留。形成这种情况的原因是眼睛连续注视造成神经兴奋而留下视觉痕迹所引发的，这种现象也称作“视觉残像”。视觉残像又分为正残像和负残像两类。**正残像**指在停止物体的视觉刺激后，视觉仍然暂时保留原有物色映像的状态。例如，我们看红色一段时间，停止观看后，眼前还有红色。正残像一般停留0.1秒。**负残像**又称“负后像”，指在停止物体的视觉刺激后，视觉依旧暂时保留与原有物色成补色映像的视觉状态。通常，负残像的反应强度与凝视物色的时间长短有关，即持续观看时间越长，负残像的转换效果越鲜明。例如，当久视红色后，视觉迅速移向白色时，看到的并非白色而是红色的补色——绿色。这些视错现象都是因为视网膜上锥体细胞变化造成的。当我们持续凝视红色后，把眼睛移向白纸，这时由于红色感光蛋白元因长久兴奋引起疲劳转入抑制状态，而此时处于兴奋状态的绿色感光蛋白元就会占上风。因此，通过生理的自动调节作用，白色就会呈现绿色的映像。除色相外，色彩的明度也有负残像现象。如白色的负残像是黑色，黑色的负残像则为白色等。视觉残像不仅可以形成色彩视错，还可以形成动态视错。

A

B

图1-3-5　同时性对比色彩视错

两张图中的红点是同一个颜色，但一般我们会觉得A的红点更亮，这是因为A的背景更暗。

（三）似动视错类

似动视错（Apparent Motion）指在一定条件下，知觉把客观静止的物体理解为运动的，或把客观上不连续的位移理解为连续运动，是知觉对事物产生的错误动态判断。心理学证明“刺激强度”“时间间隔”和“空间距离”三者都会对似动产生影响，并且随着近几年在其他感官方面的研究，充分说明似动错觉可能是多种认知途径交互作用的结果。

从视觉结果分析，“似动”包含两种情况：静的看成动的，不连续运动看成连续运动。

1. 静的看成动的：这种情况可分为“诱发运动”“自主运动”和“运动后效”三种情况

（1）诱发运动

由于一个物体的运动使其相邻的一个静止的物体产生运动的印象，叫作“诱发运动”。这种情况主要来源于一动一静两个参照物的对比。例如，我们坐在行进的车里，看路边的树木都在后退，实际上，树木没有动，动的是我们。这种隐藏的“能量”，被应用在某些城市地铁的广告中，在地铁的运动下，原本静止的广告招贴像动起来一样，这比装一块LED屏环保、实惠多了。

（2）**自主运动**

自主运动也称“游动”（Autokinetic Movement），原理是当人们在知觉物体时移动身体和头部，导致静止的物体连续刺激视网膜的不同位置，同时又缺乏参照物，进而产生静止物体运动的现象。例如在暗室内，如果你注视一个光点，你会看到这个光点似乎在运动，这就是自主运动现象。一般认为，人的眼球在注视物体时会产生一种轻微的自主运动，在背景太黑的情况下，知觉加工系统没有参照点来判断视网膜上成像的运动，在多大程度上是由于眼球运动导致的，因而将光点知觉为运动的，这种现象被社会心理学家谢夫林（Richard M.Shiffrin）用来研究从众行为。①

（3）**运动后效**

在注视一个固定方向运动的物体后，如果将注视点转向静止的物体，会看到静止的物体似乎朝相反方向运动。例如注视瀑布的某一处一段时间，然后看周围静止的一切都在向上飞升。同样是发生在一静一动两个物体的对比之下，“运动后效”的情况有时候和“诱发运动”相似，但它们的主要差别是“运动后效”有观察的时间先后，而“诱发运动”指同时间下的对比影响，并且“运动后效”是视觉残像的结果，而“诱导运动”是观察参照变化形成的。

2. 没有连续动的看成连续动，这种情况通常表现为“动景运动”

“动景运动”是当两个刺激物按一定空间的间隔相继呈现时，视觉得出一个刺激物向另一个刺激物连续运动的错误感觉。“动景运动”区别于前三种似动视错，在“动景运动”中确实有运动发生，但这个运动不是连续位移，而是刺激物先后出现的不同视觉位置形成的刺激。例如：两条相互平行的线，先后以时距60毫秒左右出现时，人们会看到从一条直线向另一条直线的运动效果。一般情况下，间隔时间短于0.03秒或长于0.2秒都不会产生“似动现象”，前者会看到两个刺激物同时出现，而后者看到两个刺激物先后出现。②当间隔时间为0.06秒时，也就是每秒切换16张图片时，人就能非常清楚地看到图片的运动，莫尔条纹动画就是基于这个原理形成的。电影原理也是和人的视觉残像形成的“动景运动”有关，电影以1／48秒一个静态画格和1／48秒一个黑画格连续出现而使画面切换运动转换为人脑形成的连续运动。

“动景运动”的形成远不止于视觉残像。1912年，德国格式塔心理学

① 顾明远.教育大辞典[M].上海：上海教育出版社，1998.
② 彭聃龄.普通心理学[M].北京：北京师范大学出版社，2004.

研究者通过实验发现，刺激的不同可以引起不同脑区相应皮层区域兴奋。在适当时空条件下，兴奋回路发生融合短路就会得到运动印象。1983年相关学者首次证明不对称亮度能引起运动错觉，后来日本学者A.Kitaoka对此前的研究进行归纳，发现亮度渐变和线段边缘断层是运动感形成的基本因素，并以此设计了“旋转蛇”及变体（图1-3-1）。在随后的实验中，他还证明了低水平神经元对重复不对称现象会产生方向感，并提出了基于亮度对比的反应时间差模型。自此，对于“似动”现象的研究已经不满足于解释设计规律，转而开始寻找其生理机制。2005年之后，随着对神经元的进一步研究，“似动”研究终于得到视觉方面的解释，即低水平神经元接受刺激向高级视皮层传送，不同对比度线索到高级别神经区V5区，会激活对真实运动响应的神经元，从而产生运动的心理认知。视知觉的解释激发了似动研究在其他方面的尝试，结果发现在一定条件下，色彩和听觉也可以使人产生类似的运动感知。我们有理由相信，随着研究的深入，在未来不仅是“似动错觉”，其他的视错都会获得更多的可能性。

二、视错在服装设计中的应用

现阶段已经被人类发现并应用的视错种类多种多样，随着人类对于视错更加深入的研究，其可行性边界还会不断拓宽。视错在艺术设计中的应用，一方面可以辅助达到预设的艺术效果，另一方面，从非客观性的角度给设计以刺激。同时，视错还能辅助处理对于设计灵感“似是而非”的表达效果。

设计的“似是而非”是什么？这里主要指“设计”如何体现客观，属于“模糊性设计思维”形式的一种。那么，“设计”在体现客观上为什么要“似是而非”？

我们先来看一个故事。“一个国王和一个哲人争辩现实世界的本质属性，国王决定向他证明真理的客观性。于是，他在进入城堡的桥上筑了一座高台，并派两个卫兵盘问过往的人——如果经过的人说真话即允许通过，如果说假话就立刻绞死。国王想以此证明客观的重要性。第二天，哲人走向城堡，卫兵拦住他盘问‘你是干什么的?’他对卫兵说：‘我是来被绞死的。’卫兵听了面面相觑，不知所措。如果让哲人通过，他就是在说谎，就要绞死不能通过，如果绞死，就证明哲人说的是实话，就要让他通过。卫兵怎么做都不行。通过这件事，哲人成功地向国王证明——事物的本质是相对的，是似是而非的。”

事物的本质往往是被隐藏、不为人感知的，比如香蕉是黄色的么？事实上，它包含了除了黄色以外所有的颜色，黄色仅仅是它不吸收而反射的唯一颜色。20世纪最伟大的公式之一——爱因斯坦的质能方程式（$E=mc^2$），提示我们"事物本身只是因于某个时刻，某处的光而已"[①]。在追求本质的路上，最大动力莫过于常常在努力过后显现的阶段性成果和永远都到达不了的尽头。"事实的本质往往不会完全在客观世界表现出来"——这可能是艺术设计在表现中需要"似是而非"最客观的理由了。

如果一切科学无法解释的东西都可以交由哲学来解释，那艺术就是哲学中最自由的解释。今天的"艺术"有两种含义，一种指具体的"物件"，另一个是表现一种价值判断，即一种"艺术性"。为什么设计不像古典西方绘画那样，追求对客观表象的真实反映呢？因为设计的目的是"应用"，而传统艺术形式的目的是"表达"。艺术设计游走在表达客观与表达主观之间，兼顾自然科学与艺术哲学。艺术设计作品对客观的表现往往"似是而非"才有更多的包容性和延展性。一方面，艺术化的表现可以提高设计作品的审美价值。另一方面，可以吸纳更多的受众。"不具象"的设计甚至可以将使用者纳入再设计的行列——这也是当代服装设计的重要设计思想之一。日本服装品牌"三宅一生"的成功，就有这个方面的原因。视错是达到"似是而非"的形式手段之一，在后文讲设计思维时我们会再深入分析相关的模糊性思维及设计中如何控制"似是而非"。

视错在服装设计中的应用总结起来主要表现为影响着装者形体效果和影响服装效果两种情况。

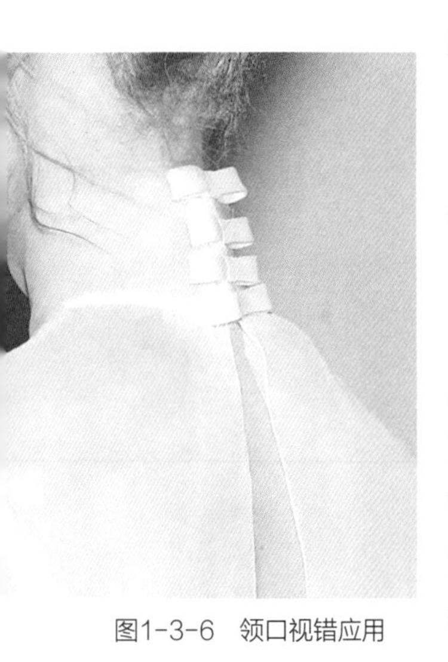

图1-3-6　领口视错应用

（一）改善着装者的形体效果

服装中巧妙地运用视错，可以达到协调人体比例的效果，使穿着者获得更好的形体视觉效果。

1. 领口影响脸部和颈部视觉效果

脸形主要有几个视觉维度：长度、宽度、形状。颈部有两个维度：长度和粗度。对脸部和颈部影响最明显的是领口，通常纵向领口使人视觉上觉得脸和颈更长，而横向的领口让人视觉上觉得端庄稳定，有强化宽度的视觉效果。除了这种比较直接的应用，还有一些手法，比较隐蔽地影响视觉效果。比如在领口装饰竖排装饰物，给人以纵向感，无形中拉长颈部的视觉效果，我们应该多尝试这样"高段位"的设计手法（图1-3-6）。

---

① 麦克劳顿. 透视与视错[M].贺俊杰，周石平，译. 长沙：湖南科学技术出版社，2012.

2. 视错影响肩部视觉效果

肩部的视觉维度有：肩宽、肩斜线、肩部对称与平衡。服装的领形和肩袖都有可能影响肩部的视觉效果。我们以基哥 · 斯里布（Gigot Sleeve），即羊腿袖为例进行分析。羊腿袖因其形状酷似羊腿而得名，袖筒和袖窿肥大，袖口窄紧，整体形成锥形趋势。这种袖型先后在16世纪文艺复兴时代，19世纪浪漫主义时代和19世纪末20世纪初的“S”形时期流行。羊腿袖第一次出现在16世纪文艺复兴后期。当时西班牙风盛行，女装沿袭了文艺复兴中期（意大利风时期）重视体量、喜欢填充的特点，但改变了强调显露胸部的特点，转为呈现几何感样式。为了改变胳膊的自然曲线，西班牙风时期女装在袖子中填充出羊腿袖形状。这种袖子后来盛行于英国，与法勒盖尔（一种裙撑的名字）共同塑造了英国最具代表性的女装上身特征。这个时期流行的羊腿袖多在正常肩点或略低于肩点处上袖，视觉上从领口侧颈点到肩线再到袖子，强调硬朗的几何形体廓形，给人宽大、威严的感受（图1-3-7）。到19世纪初的浪漫主义时代，女装追求细腰的X廓形，为了呼应这种浪漫风格，大量使用膨胀感的袖型，例如帕夫袖和羊腿袖。这个时期的羊腿袖区别于文艺复兴时期，强调的不是威严和硬朗的几何流线，而是流行上部抽褶膨大，下部细窄，甚至紧贴手臂形态，并且大多肩点的设计低于正常肩点（也就是我们今天说的落肩）用以塑造圆润柔美感的肩线（图1-3-8）。到19世纪末的“S”形时期，衣裙造型与之前相比大为简化。为了弥补视觉及心理上的单调感，这个时期的服装视觉中心和量感移到了上半身，多使用大袖型、大发髻和夸张帽饰。袖子重新启用羊腿袖和泡泡袖（Puff Sleeve，指在袖山处抽碎褶而蓬起呈泡泡状的袖型）。这时期的羊腿袖特点是在正常肩点或高于人的正常肩点（我们今天说的借肩），袖根抽褶膨胀但不会像浪漫主义时期那么夸

图1-3-7　文艺复兴西班牙风羊腿袖

图1-3-8　浪漫主义时期羊腿袖

张，向下到肘部自然收小，整体形态不强调肩宽而是形成一种高耸挺拔的视觉效果（图1-3-9）。对比三个时期的羊腿袖，不难发现，尽管袖子整体形态类似，但是对于肩点位置和袖子廓形进行设计可以改变肩部的视觉效果并带来风格的变化（图1-3-10）。羊腿袖今天依旧广泛应用并继续发展变化。近几年，随着世界经济发展的减慢及新冠疫情的影响，整体服装从之前大廓型、跳跃的强势设计减弱下来，袖子成为设计的重点。未来我们不难继续从T台上看到各种翻新的羊腿袖。（图1-3-11）

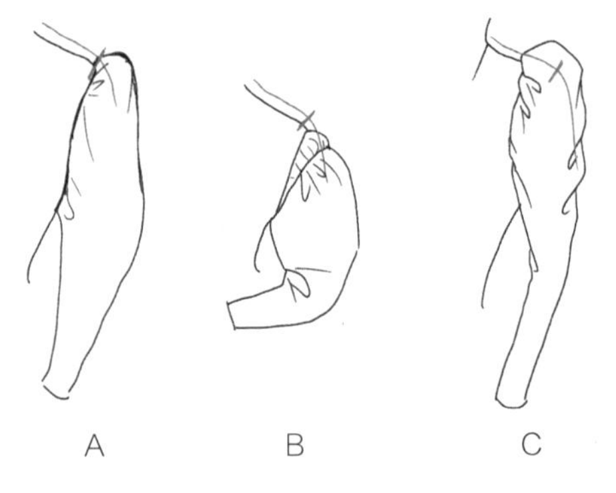

图1-3-9 “S”形时期羊腿袖（上）

图1-3-10 羊腿袖（中）
A正常肩点羊腿袖（文艺复兴风格）。
B低于正常肩点的落肩羊腿袖（浪漫主义风格）。
C高于肩点的借肩羊腿袖（“S”形时期风格）。

图1-3-11 羊腿袖设计应用（下）
A、B都为正常肩点的羊腿袖，区别是A更像文艺复兴时期的袖型，B更接近于19世纪后期的袖型，两个袖型都使肩部看起来比较宽，但A更加硬朗，B复古装饰性更强。
C、D都是落肩羊腿袖，这两个设计中，C肩点更低，袖型近似文艺复兴时期，肩部感觉更圆润；D的袖型更近于浪漫主义时期，肩点的位置模糊不清。这组袖型最显肩窄。
E、F是艾丽萨博2020秋冬设计，都运用了借肩羊腿袖，区别是：E的袖型是19世纪末的形状，作品更加挺拔；而F更近似浪漫主义时期，整体更浪漫圆润。由于肩线模糊，尽管上衣体量很大，相比E款，却显得穿着者的肩比较小巧。

3. 视错影响胸腰臀

胸腰臀原本是三个不同的部位，但是通常会放在一起谈，因为它们共同营造了一个女性的整体线条感，也是服装塑造风格的重要手段，可以分为三个维度衡量：长度、维度、曲度。在女装结构中，强调胸腰臀差并塑造胸高的结构给人更强的曲度感。有一些特别的结构，在不改变尺寸的情况下，视觉上更强调曲线，例如，开花省（褫）（图1-3-12）是一种一端为尖形，另一端为非固定形，或两端都是非固定状态的捏省方法，兼具功能与装饰，视觉上可以强调胸腰臀的曲线变化。

图1-3-12　A为开花省示意图
B三款胸腰臀处为开花省的设计应用范例

4. 视错影响腿部视觉效果

腿部的视觉效果包括：腿的长度、腿的弯度、腿的围度。根据之前对于线段长短的视错研究，我们可以知道，一条线段分割越多，越显得短。那么，腿部的线条也是一样的，不同的裤口位置和鞋口高度组成不同的腿的分割，这也是为什么通常九分裤或者及踝靴都对腿部的要求更高（图1-3-13）。

5. 视错对人整体效果的影响

前文谈的比较具体，总的来说，视错可以从长度、角度、曲度等方面结合具体服装来改变着装者的体型效果。这种影响，除了局部也包括人体的整体效果——人的高低、胖瘦、比例等。当然，我们也要注意，服装设

图1-3-13 腿部视错应用
在其他条件不变的前提下，不同长度的裤子给人的不同视觉感受。

计和搭配并不只是在单一条件下形成的，而是综合各种手段在不同的设计评价标准下完成的，因此，一切都不是一成不变的。

（二）改变服装的视觉效果

前文讲的是服装利用视错改变着装者的形体效果，给人更好身形的错觉。接下来要讲的是利用视错改变服装本来的设计效果，这和改变人体效果的手法近似，但是更为丰富，主要的差别在于应用目的不同。从应用目的上看，主要有两种大方向，一是对于设计理念的体现，一是对于设计效果的影响。然而，好的设计既要有高超的设计理念，又必须依赖视觉效果传达出来，这原本是密不可分的。本节为了细化设计手法，根据不同的侧重点进行分析。

1. 体现设计概念，强化设计风格，突出设计特点

设计首要是风格，没有风格先行，后期的所谓设计元素便是“皮之不存，毛将焉附”了。视错作为设计手段可以体现设计概念、强化设计风格、突出设计特点。当然，除了辅助体现风格以外，视错本身作为设计目的和设计理念，也是能够成立的（图1-3-14、图1-3-15）。

2.突破常规设计效果或协调设计效果

设计的核心价值之一就是创新，那么创新除了体现在理念上，还体现在形式上。视错可以很好地突破服装效果的固有印象，给人耳目一新的视觉感受，也可以辅助协调设计效果，使之达到理想的“适当”。

（1）利用视错提高视觉感受

有些设计对视错的应用谈不上某种理念，而是一种形式感或者扮演视觉冲击力的角色（图1-3-16）。

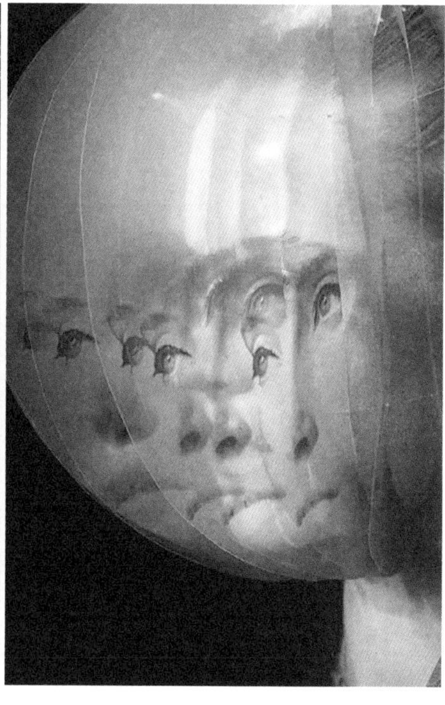

图1-3-14　艾利斯·范·赫本2018秋冬“Syntopia”系列

该系列中，设计师探索合成生物学以及有机和无机物质交错而诞生的全新领域。设计中头部装饰为模特的不同角度的打印效果，产生的视幻效果突出奇幻未来感的设计风格的同时，也有一种对自身这种“生物”的未来性探索。

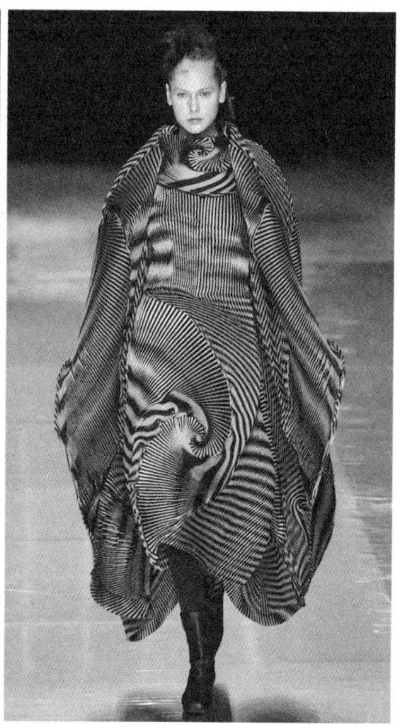

图1-3-15　三宅一生（Issey Miyake）2016秋冬

该系列中，设计师以炫目的类似摩尔条纹的线条营造未来感的3D视错觉，立体建筑感的廓形与褶皱和视错条纹融合。这里与其说视错是辅助营造设计风格，不如说它就是纯粹的设计内容和目的本身。**与此类似，以波普风格条纹为灵感的设计形式，是服装中最常见的视错应用手法之一。**

（2）利用视错增加设计的趣味性（图1-3-17）。

（3）利用视错形成视觉中心，增加服装观察的层次性（图1-3-18）。

（4）利用视错达到“似是而非”的视觉调整（图1-3-19）。

图1-3-16　视错设计应用

图1-3-17　趣味性视错应用

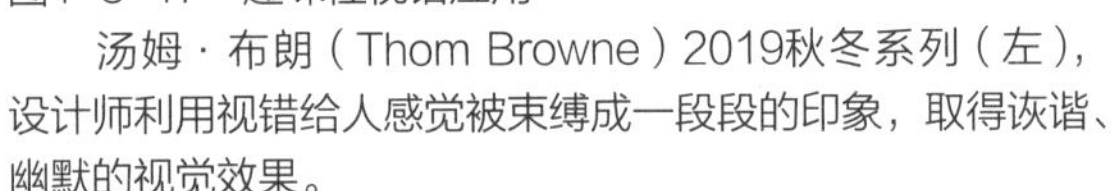

汤姆·布朗（Thom Browne）2019秋冬系列（左），设计师利用视错给人感觉被束缚成一段段的印象，取得诙谐、幽默的视觉效果。

飒拉（Zara）2021秋冬童装系列（右）宣传照，利用线条勾边，使立体的服装给人平面的视觉感受，增加了童趣。

图1-3-18　视错形成视觉中心的设计应用

大卫（Dawei）2021春夏系列（左），该系列用视错与纯色进行对比，形成视觉中心。

周翔宇（Xander Zhou）2015春夏系列（右），该系列整体应用视错产生扭曲效果，使原本比较“平”的设计增加了视觉层次。

图1-3-19　莱尼·奈梅耶尔（Lenny Niemeyer）2020春夏系列

该系列以“假想地图”为灵感，利用视错取得“是又不是”的“地图”效果，使灵感的表达既明确又含蓄，且有新意。

本节对于视错的应用区别于上一节，不仅让我们学会“看”服装，同时也尝试体验设计服装的时候应该怎么思考。

下一章我们就进入正式的设计阶段，现在来检验一下自己通过本章的学习，能力是否有所提高。

☞ 本章自测

1.试着回答以下问题。

①美是什么？设计是什么？设计与美是什么关系？

②服装是什么？服装设计是什么？服装设计的三大构成要素是什么？

③艺术造型的基本四要素是什么？简述几种形式美法则（中西不限）及其在服装上的表现。

④简述视错的种类，并试着分析服装中的应用。（例如：能改变长度视觉效果的有什么手法，可以和服装的哪部分结合应用？能改变角度视觉效果的有什么手法，可以和服装的哪部分结合应用？能改变曲度视觉效果的有什么手法，可以和服装的哪部分结合应用？）

2.梳理一个你喜欢的服装品牌的发展历程及品牌特点。学习近三年这个品牌的所有服装发布会作品，如果有绘画基础的同学，可以把喜欢的款式和局部临摹下来，没有绘画基础的同学可以剪贴和拓画。

3.分析一件不太喜欢的服装作品，用学过的专业知识说明不喜欢的理由，并试着画出改进的方法。

第二章

服装设计

——学习“设计”如何开始—进行—深入—调整

有了前文对于服装的基础学习，本章进入设计环节，讲授服装的设计元素、设计思维、设计方法、设计流程等，接下来我们依次进行学习。

第一节　服装设计元素
——服装设计之“初体验”

服装的物态三要素为：设计、材料、制作。服装设计又包含三大构成要素：款式造型设计、色彩设计、面料设计。现在来分别学习服装设计中的重要元素。

一、服装款式造型设计

服装的款式造型是服装的外轮廓和内结构结合起来形成的空间形态。

（一）廓形

廓形的原意是影像、剪影、侧影、轮廓。服装设计中将服装的外轮廓称为廓形。服装的廓形是服装给人的第一整体造型印象。

1.服装廓形的基本分类

服装廓形从合体度上分为紧身、合体、宽松（宽松里又包括较宽松和极宽松）。近两年流行的“大廓型”是宽松范畴中比较夸张的极宽松的造型；从长度上，分为超短、短、及臀、中长、长、超长；从形态上，分为规则形态和不规则形态。现有的服装廓形命名大多为了传播方便而以象形作为取名方法。20世纪50年代迪奥首次推出以字母命名服装廓形，成为今天服装中最常用的规则廓形的分类方式。所谓字母命名，就是根据服装廓形更接近哪种字母的形态，就是什么字母类，最基本的几种是：X型，H型，A型，Y型，O型（图2-1-1）。其中X型又分为大X、小X，区别在

图2-1-1　服装基本廓形—字母型

A 图为X型，B图和C图都为A型，C图又可称为梯型。

D图为Y型，Y型廓形在第二次世界大战后曾作为军服的变体流行于欧洲，到20世纪70年代末至80年代初，再次流行。E图：Y型随着发展变化，逐渐加大肩宽，形成接近于V型的Y型；F图：继续加大肩宽、收紧下摆就派生出V型；G图：Y型肩部强调平且宽，下部为合体直线型，则派生出T型。其实这三者比较接近，设计师应用时不需要太过强行区分。

H图为O型，I图可称为O型，也可称为茧型；J图为H型或直线型，20世纪20~30年代的“男孩式”（Boyish）风格及吸烟装基本符合这种廓形。

服装廓形按字母分类始于20世纪50年代，因此，比较规范的字母型都是类似早期服装形式那样相对标准且规整的。但是，今天的廓形大都表现为夸张的、综合的、叠加的和不规范的，这种流行特点的变化是设计师应该注意把握的。

于长短和胸腰臀对比大小；H型又称直线型；A型中有的肩部较宽，下摆呈A型的，整体更接近于梯形；部分O型又可称为茧型；Y型又派生出T型和V型。各种字母型不是一成不变的，它们相互转化、组合、叠加、变形又可产生多种型态。

2.服装廓形的基本设计原则

在服装设计中廓形的基本设计原则，首先是要考虑风格。因为，设计中所有的取舍先是根据服装整体要达到什么风格特点而决定的。例如，一个漂亮的大X廓形裙子实在难以表达中性，如果你要设计一个中性风格的服装通常必须舍弃这个裙子。

其次，要考虑服装与人体的空间关系。大多数服装是以人体作为依据的，那么人体与服装之间，不同位置的空间关系决定了外廓形的微妙变化，形成风格间的微差和服装设计所需要的尺度。

最后，还要考虑面料的特性。不同的面料质地对廓形的表达不同，而且有的面料很难达到某种廓形，如果非要用一块羊绒面料来塑造合体且飘逸的廓形，则会自找麻烦。当然，随着技术的发展，将一些面料改进为可以突破固有风格印象的服装款式，也不乏为一种新的设计角度。

3.服装廓形常用的创新手法

现存的设计创新手法种类繁多，我们以比较多用的手法案例从宏观的大类进行分析。必须强调的是，方法是发展变化的，也许有一天，有一种设计手法会是你率先提出的。

（1）原型设计法

这个方法是基于人体和服装的基本原型，然后改变原型固有印象而进行创新的，主要包括两个方向：

①原型造型变化

原型造型变化即改变服装原型的形状、大小、比例等，使之获得新廓形的目的（图2-1-2）。

图2-1-2　普拉达（Prada）2018度假系列

可以看到设计中前片的原型被设计师有意识地向对侧加大，并设计为带有拉拽感的造型。通过前片原型的造型变化，形成设计整体廓形的扭动感。

②原型位移

原型位移即原型廓形不变，但是改变位置，使廓形通过借位、错位等手法，呈现新的廓形（图2-1-3）。

（2）立体造型法

立体造型法是以立体的形式，通过裁剪、系扎、包缠、披挂、垫撑、折叠等手法，直接在人体或人体模特上进行造型设计或辅助造型设计，获得新廓形的方法。这种方法更直观，对设计的形成、空间的把握更具体，

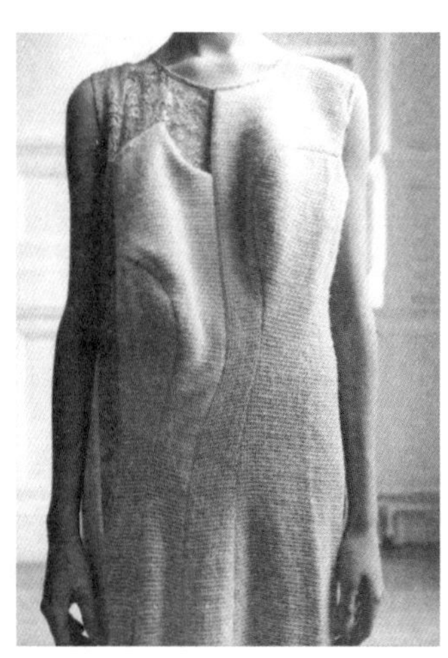
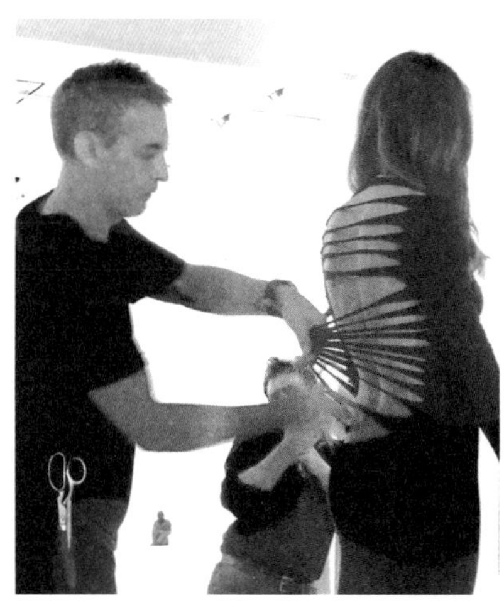

图2-1-3　川久保玲（左）

我们第一眼看到这个作品，最先看到的是左右不对称设计，这就是前片原型的错位设计。错位之后，左侧的常规胸部位置下移而形成了不在胸位的空间体量，设计师借此将右侧正确胸位的空间也加大了，形成虚空间，以原型错位实现新的空间造型。设计师继续将分片的直线配合空间变化改为曲线斜裁，再配合左侧腰腹部破型设计完成整体造型。当然，本款设计在面料应用上也是极其讲究的，我们放在后面讲面料肌理时再讨论。

图2-1-4　立体造型法案例（中、右）

图为阿达姆·萨卡斯（Adam Saaks）的设计。他的设计不需要设计图，而是用剪刀，通过剪裁、拉拽、旋转、系扎、垂挂等手法，直接在人体上造型。他的设计大多随体，以性感的表层平面造型为主，但是通过这样的手法，配合不同材质，也可以设计出廓形上的变化。这是非常规立体造型的典型案例。

同时作为一种创新手法也更具偶然性。立体造型中的“立体裁剪”本身作为一种结构设计手法，常常与“平面裁剪”一起作为纸样设计的手段进行学习。为了知识不重复讲授，我们在这里对“立体裁剪”的具体方法先不做介绍，主要了解一下非常规的立体造型手法（图2-1-4）。

（3）抽象造型法

抽象造型法是指利用抽象型，进行解构[①]、组合、交叠等形成基础形态，再基于这种基础形态进行具体设计，获得新的服装廓形（图2-1-5）。

（二）服装部件

1.衣领

服装的衣领通常以人体的颈部结构为基准进行设计，衣领的四个基准点为：颈前中点，颈后中点，颈侧点，肩端点（图2-1-6）。

---

① 解构——也译为“结构分解”，是后结构主义提出的一种批评方法。“解构”概念源于海德格尔《存在与时间》中的“deconstruction”一词，原意为分解、消解、拆解、揭示等，法国后结构主义哲学家德里达率先启用“解构”这个词，并在原意基础上补充了“消除”“反积淀”“问题化”等意思。“解构”的中文一词由钱钟书先生翻译完成。

解构”进入设计，首先出现在建筑、工业等领域，后成为服装的设计手段，并迅速流行。以“解构”为主要设计手段的服装形成了“解构主义”服装风格。“解构”在服装设计中可以理解为：将原有形式内容进行打散重组的设计手法。

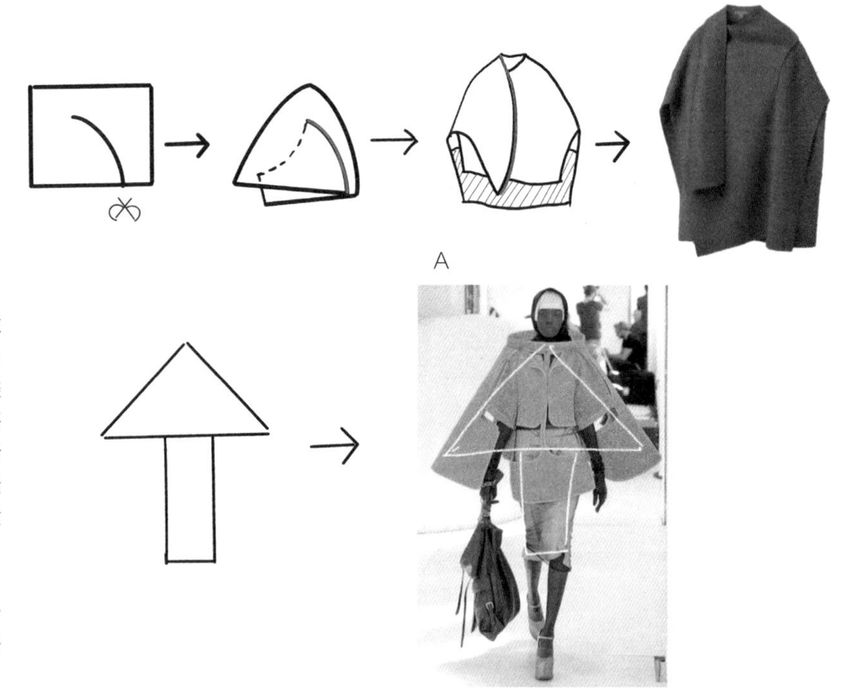

图2-1-5 抽象造型法案例

A为抽象型解构示例。首先在一个长方形上随意剪一刀，旋转拧成一个廓形，基于这个廓形设计成一个类似服装的感觉，根据需要将下摆延长了阴影的部分进行设计，得到一个新廓形，最后根据这个新廓形进一步设计成一件披肩。

B为抽象型组合示例。首先选择一个三角形和一个长方形进行组合，之后根据新廓形设计出服装。

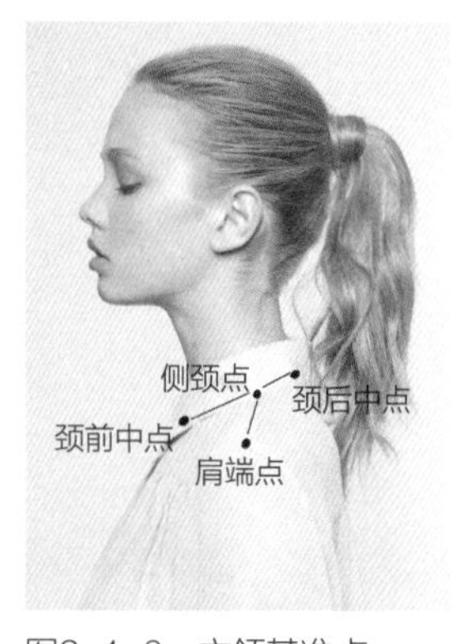

图2-1-6 衣领基准点

（1）衣领的基本类型（图2-1-7）

①连身领

连身领，指与衣身连在一起的领子，分为：**无领**（常见包括：圆领、方领、V领、船型领、一字领等）；**连身出领**。

②装领

装领，指与衣身分开单独装上去的领子，分为：**立领、翻领、驳领、平贴领**。

③组合领

组合领就是几种领形的组合应用。

（2）衣领的常见创新设计

与廓形的设计方法相似，衣领的创新形式也是很多样的，我们从不同的设计角度，将衣领创新大致分为两个大方向。

①从美学角度进行衣领创新设计

第一章里我们学到了多种美学角度的服装审美方法，这些美学知识现在同样可以运用在设计中，只是增加了更多的设计手段。衣领的创新可以从夸张、节奏、对比、反复、平衡、比例、调和、解构等入手进行设计。（图2-1-8）

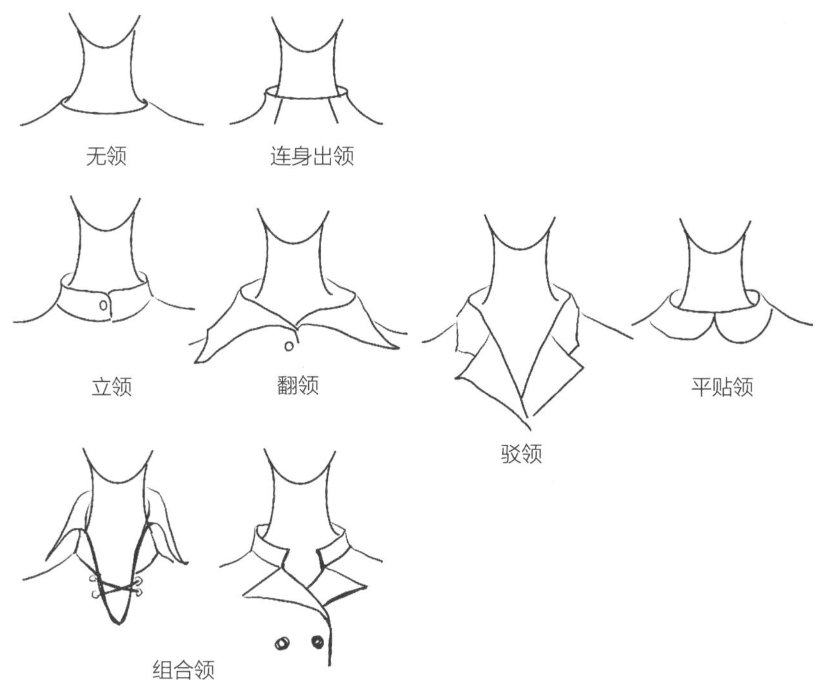

图2-1-7　衣领基本类型

图2-1-8　美学角度的衣领创新设计

②从功能角度进行衣领创新设计

除了最常见的审美创新，功能性创新也是非常高级的创新形式，例如针对人体工学或者针对某种功能需求进行设计（图2-1-9）。

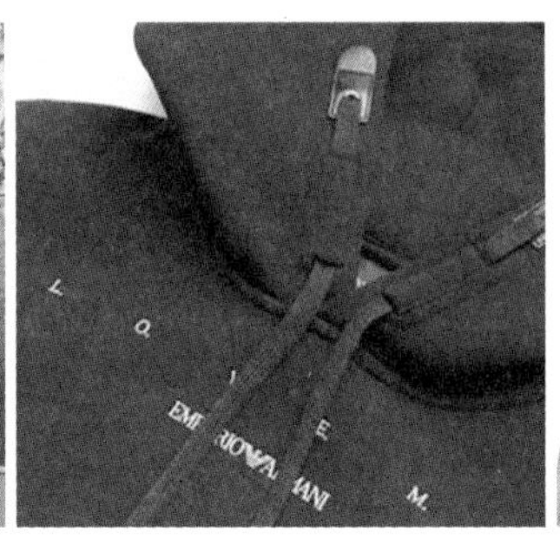

图2-1-9　衣领功能设计

2.衣袖

衣袖相比领子更具活动性，设计除了整体的形态，常在袖窿、袖肘和袖口的附近进行设计（图2-1-10）。根据设计点的位置不同，依次进行分析。

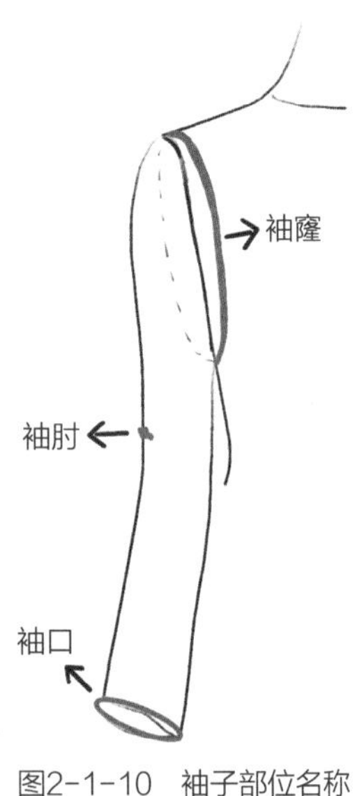

图2-1-10　袖子部位名称

（1）袖窿

袖窿是袖子与衣身衔接的地方，主要控制着袖子的合体度、活动性和细微的风格变化。根据上袖的方法不同，衣袖可分为：**装袖**（与衣身分开单独装上的袖子），**连身袖**（与衣身连着的袖子）。中式服装和休闲类服装更多使用连身袖。装袖根据不同上袖位置分为：**正常袖窿位装袖、借肩袖**（肩线缩短，袖窿位置上提的装袖）、**落肩袖**（肩线加长，袖窿位下降的装袖）、**插肩袖**（袖子与肩膀相连，袖窿变成肩袖与衣身的分装位置）。通常插肩袖更具活动性，正常袖窿位装袖是做合体袖的最佳选择，也是服装中最多见的形式。服装中也有几种装袖法组合应用的袖型，兼具活动与合体。袖窿的形状、高低、上袖形式配合不同肩型，共同形成服装肩袖整体的风格特点（图2-1-11）。

（2）袖身

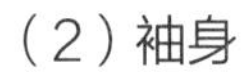

袖身是袖子的主体部分，也是袖子给人的初步印象。根据袖身长度不同可分为连肩小袖、短袖、七分袖、九分袖、长袖、超长袖等。根据袖身形态不同，衣袖可分为：**紧身袖、直筒袖、膨体袖**（图2-1-12）。紧身袖是紧贴胳膊的袖子，通常为弹力面料。直筒袖是整体粗细基本相似的袖子。膨体袖为宽松的不合体的袖子，常见膨体袖包括：羊腿袖、泡泡袖等。

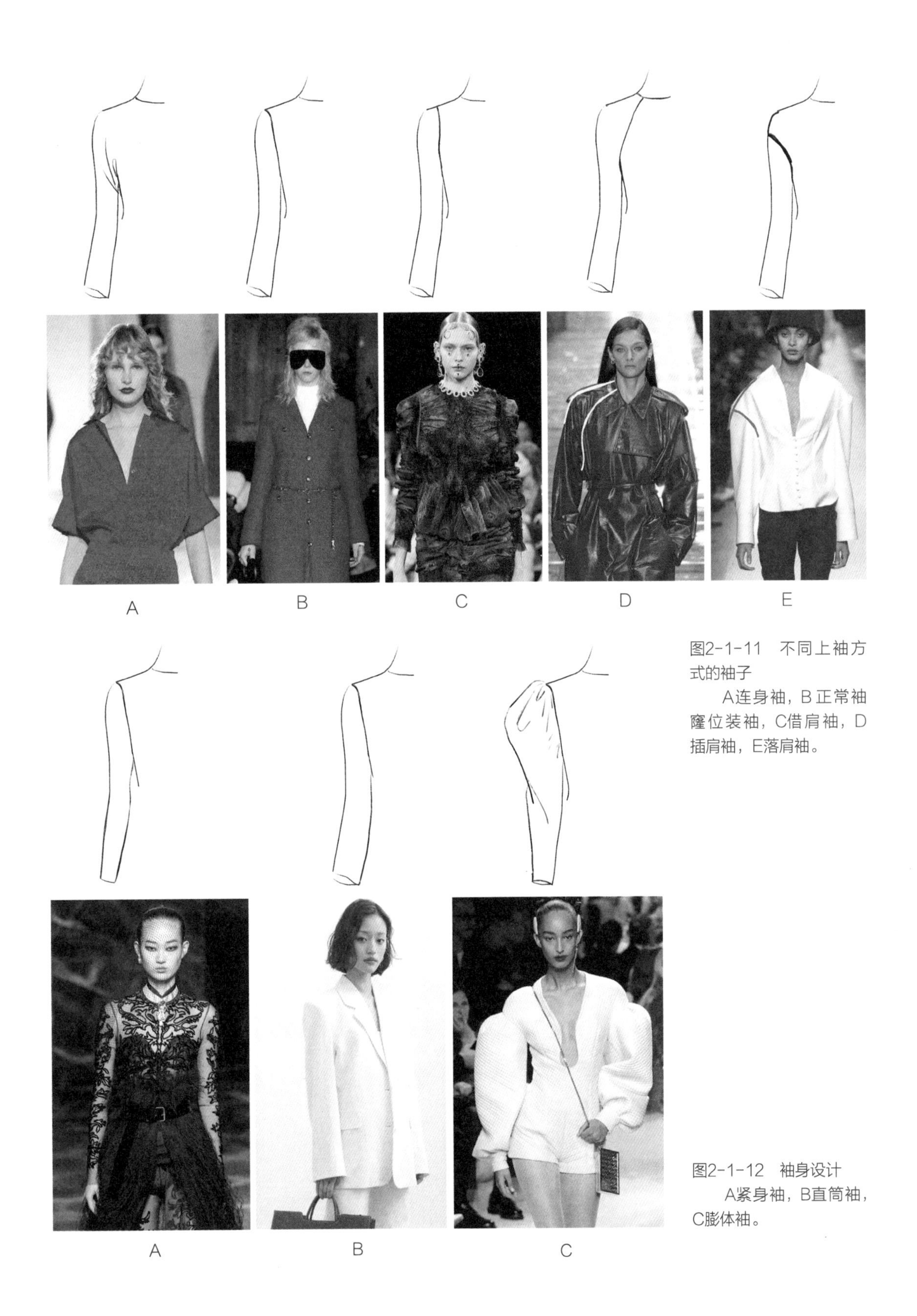

图2-1-11　不同上袖方式的袖子

A连身袖，B正常袖窿位装袖，C借肩袖，D插肩袖，E落肩袖。

图2-1-12　袖身设计

A紧身袖，B直筒袖，C膨体袖。

（3）袖口

袖口是袖子的末端，是衣袖设计的收尾部分。根据袖口的不同可分为：收紧、开放两种类型（图2-1-13）。

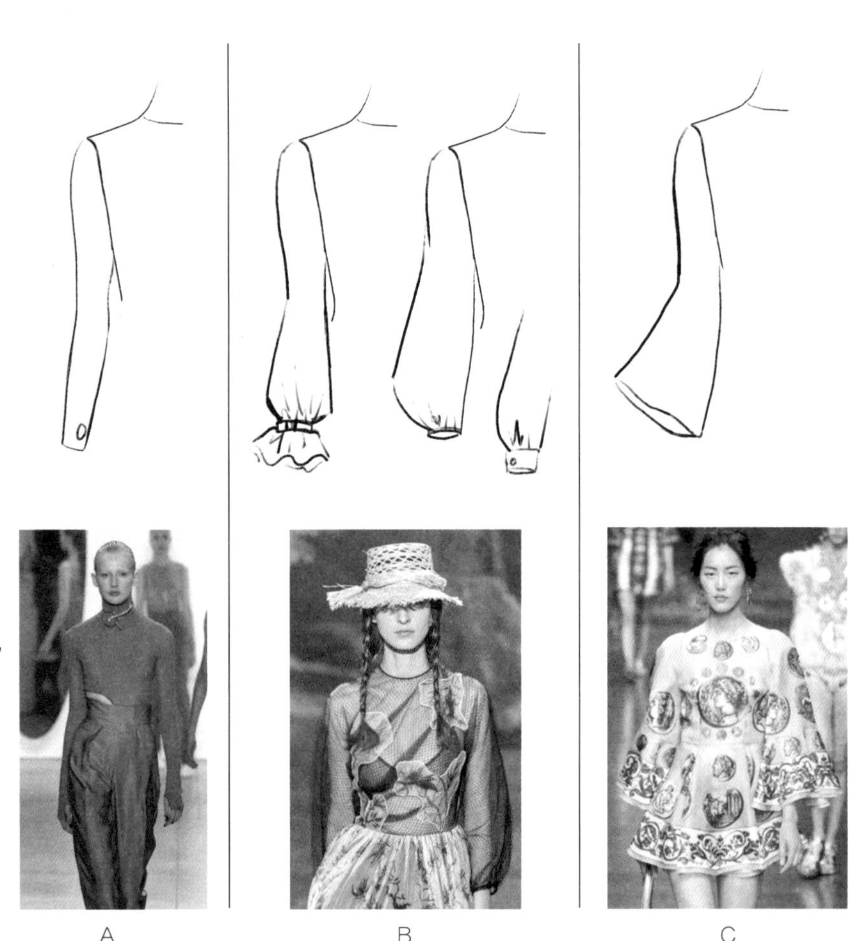

图2-1-13 袖口设计

A为紧身袖的袖口收紧设计，特色是袖口连指。B也是收紧袖口，区别A的是，B图袖子是先放宽松后收紧，通常利用系带、抽褶、克夫等。放松量很大再收紧的袖型通常称之为灯笼袖，如果袖长为短袖且有克夫，称之为公主袖。C为喇叭袖，属于开放式袖口设计，近似的袖子还有宝塔袖等。

（4）其他创新点

袖子除了常规设计位置，也会有其他的创新设计位置及辅助设计（图2-1-14）。

3.下装

常见下装包括：**裤子、裙子、裙裤等。**

（1）裙子

裙子是女装发展历史中变化最为丰富，也最具女性特点的服装之一，有**连身裙和半身裙**。按长度分为**超短裙、短裙、中群、及膝裙、中长裙、长裙、拖地裙等**。按合体度分为**紧身裙、直筒裙、A型裙、半圆裙、整圆**

图2-1-14　袖子的创新设计

裙、**超大摆裙**。按形态分为**包身裙、鱼尾裙、散摆裙、不对称裙**等。根据腰的高低，裙子可分为**高腰裙、中腰裙、低腰裙等**。（图2-1-15）

（2）裤子

裤子是常见的下装，男装下装以裤子为主，设计重点主要在于结构的活动性和礼仪性的控制。历史上的女装，无论中外都是以裙子为主，但是随着社会的发展，现在裤子已经撑起了女装下装的半壁江山，在礼服中也有广泛的应用。

裤子的设计主要分布于**裤腰、裤腿、裤口**等位置。裤子根据长度分为：**超短裤、短裤、中裤、七分裤、九分裤、长裤、超长裤**。裤子根据裤腿的形状可分为：**紧身裤、直筒裤、锥形裤、阔腿裤、灯笼裤**等。裤子根据腰的高低可分为**高腰裤、中腰裤、低腰裤、超低腰裤**。设计中心继续向下的裤子还有**吊裆裤**。（图2-1-16）

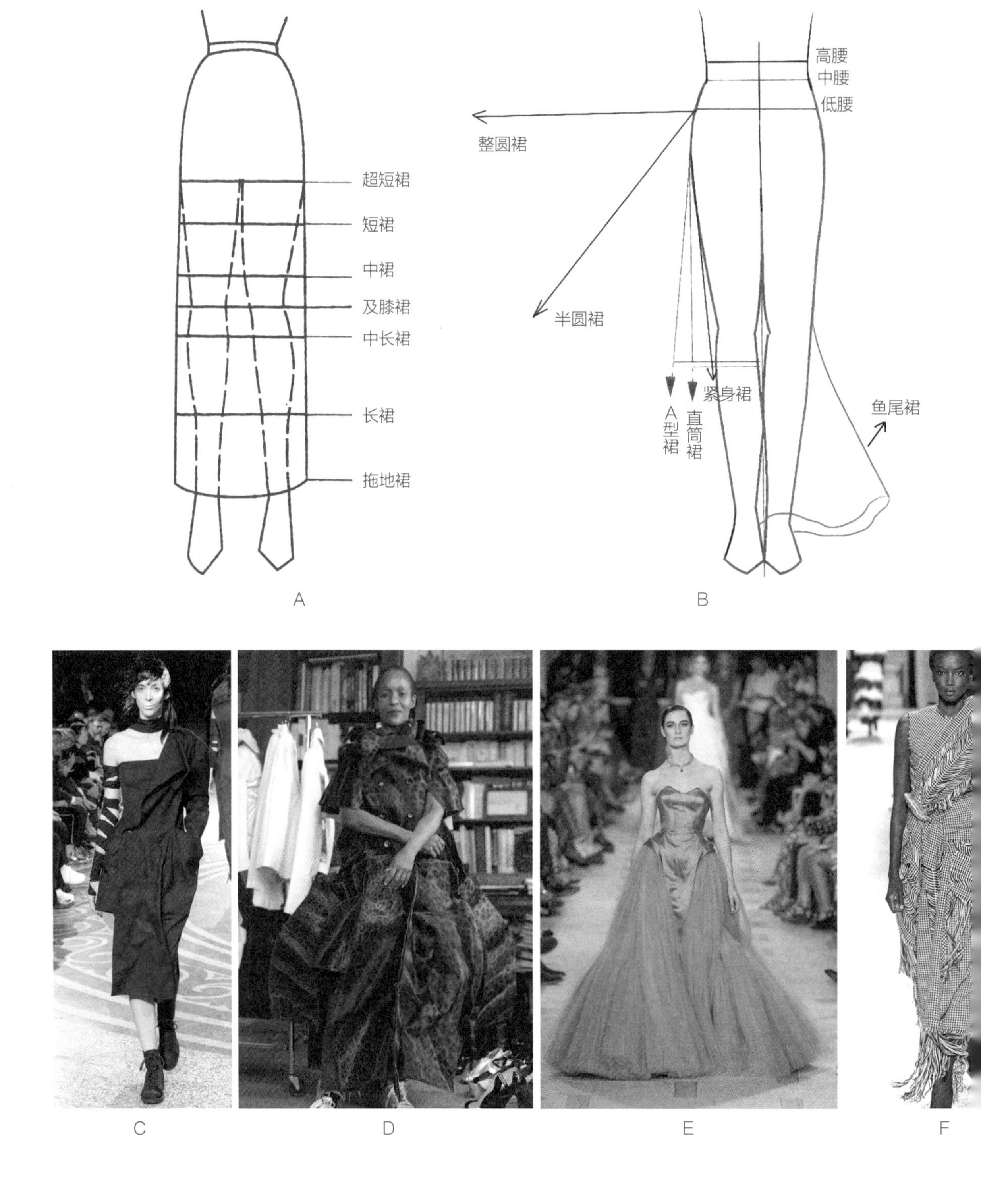

图2-1-15 A、B为基础裙型指示图，C~F为裙子的创新设计实例

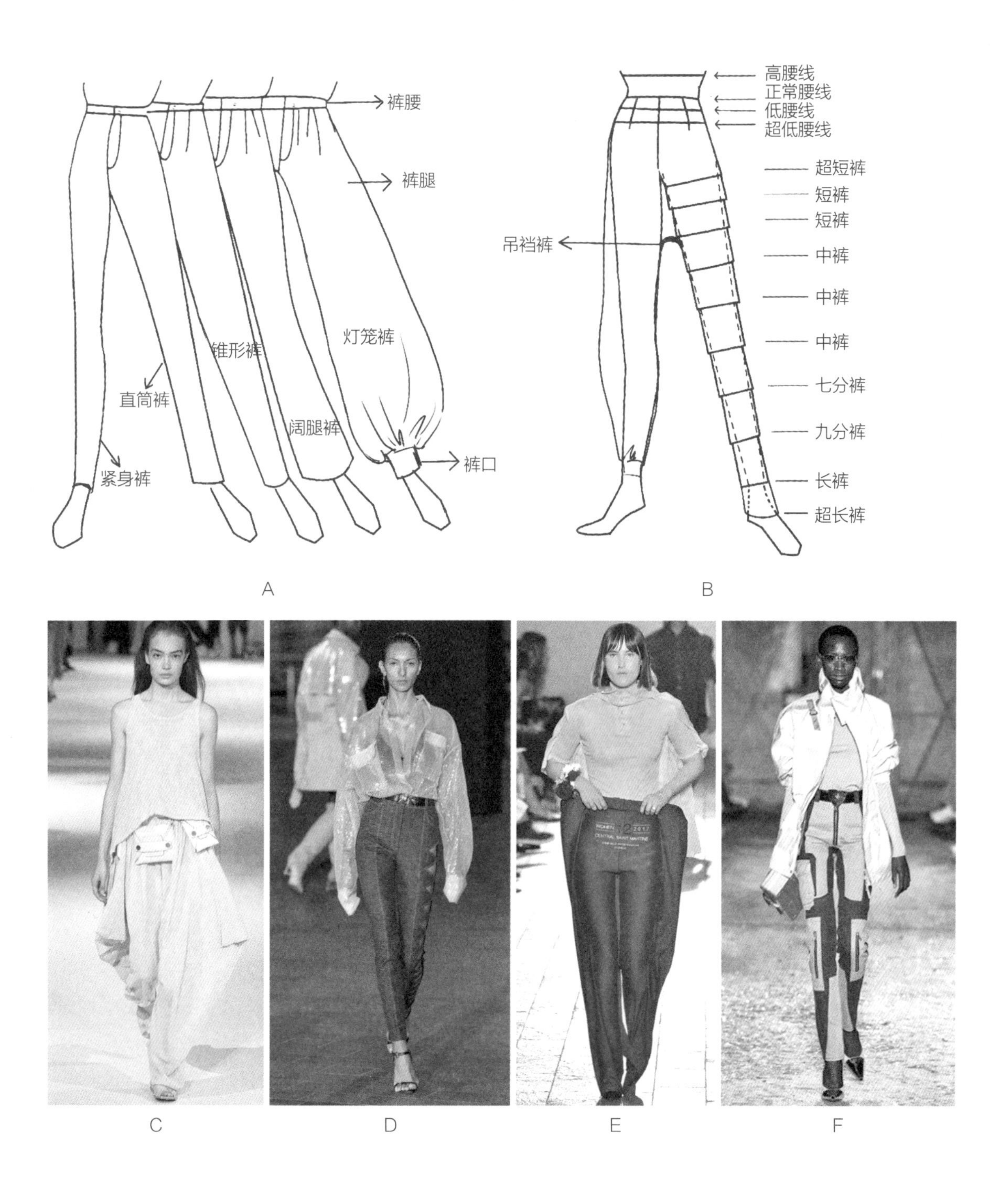

图2-1-16　A、B为基础裤子分类示例，C~F为裤子创新设计实例

4. 其他服装部件设计

（1）门襟

服装的门襟，指服装开合的地方。基础门襟形式根据开合分为：**可闭合门襟**和**不闭合门襟**。可闭合门襟又分为：**对襟、交领门襟、半襟**。除了常见的基础门襟，还有众多的创意门襟设计。（图2-1-17）

图2-1-17 门襟设计
A对襟（门襟开口在前中线），B交领门襟（前中互相叠压的门襟），C半襟（前中线处一半有门襟，另一半前片左右连接无门襟），D~F为创意门襟设计实例。

（2）腰节

腰既是上下装的分界，也是连接。腰节设计是女装塑造风格的关键点，对女装的廓形起到重要的作用。常规腰节设计根据是否有腰线，分为：**无腰**（上下连接没有腰节线），**绱腰**（上下分裁，在腰节处缝合）。根据腰线高低可分为：**高腰、中腰、低腰。**（图2-1-18）

（3）背部

背部作为女装设计的细节，控制着女装背面形态，尤其在一些礼服中是重要的设计点，并且与正面结合，共同形成女装侧面的形体风格（图2-1-19）。

图2-1-18 创意腰线设计

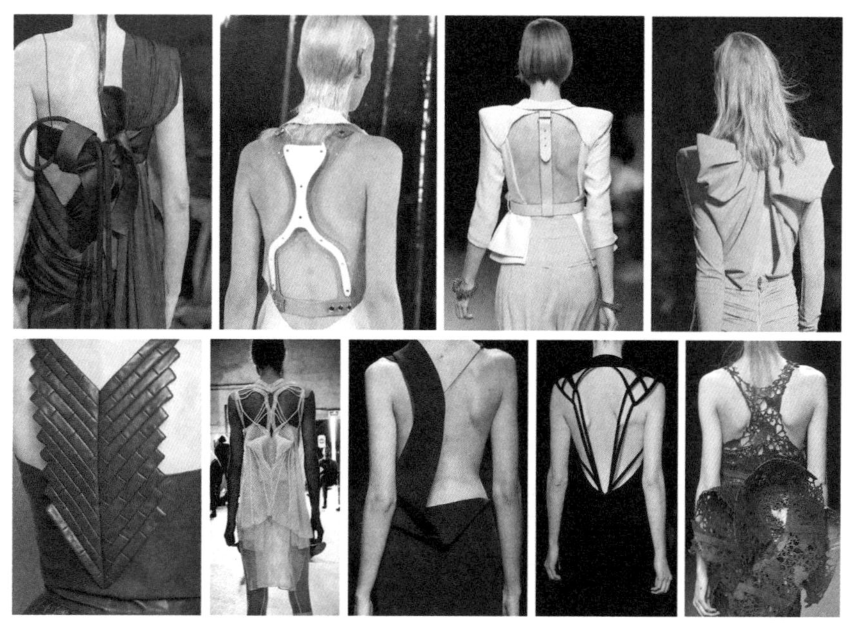

图2-1-19 背部创意设计

（4）下摆

下摆是衣、裙、裤等服装的底边，因为离人体结构较远，受人体运动的限制较少，设计自由度主要受风格和面料性能的影响。下摆的设计变化分为**位置变化、阔度变化、形态变化**。

服装下摆的位置变化影响人体的裸露程度，因此，下摆位置不仅与服装风格相关，和人的心理需求也有紧密关系。1920年，美国经济学者乔治泰勒（George Taylor）提出一个有趣的经济学理论叫作“裙边理论”：认为女人的裙子长度和社会经济成反比。这个经济理论一定程度上证明了服装是社会经济的窗口，可以从一个侧面反映人们的心理变化。我们知道，好的服装设计师能把握社会脉搏，了解大众心理动向，并适时推动流行。（图2-1-20）

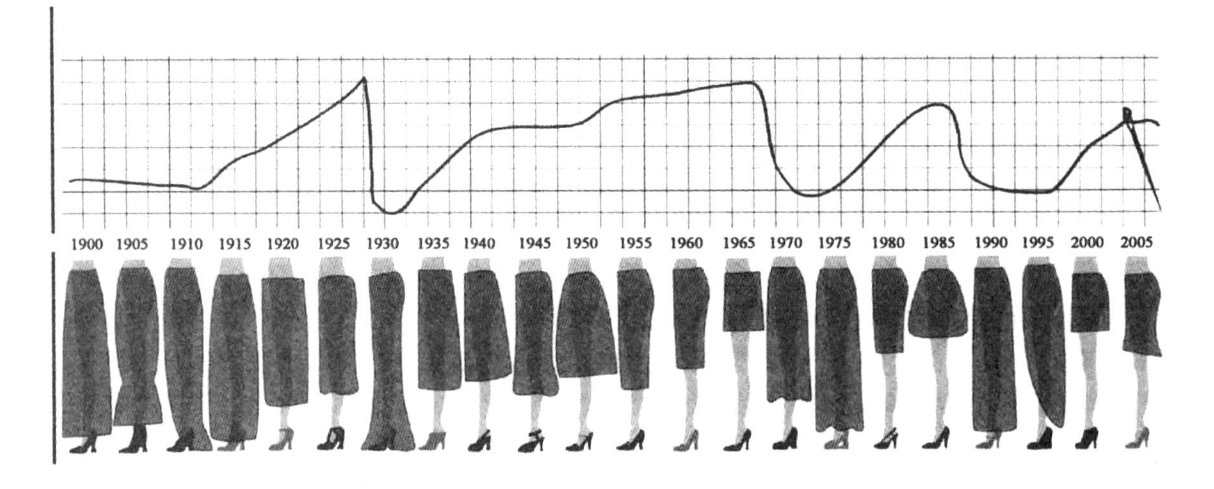

图2-1-20　20世纪经济与裙长变化图[1]

衣服下摆的阔度变化和形态变化则更多体现服装本身的设计需求。普通成衣的下摆廓形相对收拢，设计点比较含蓄、细腻。而大体量和存在感强的服装，例如礼服，则多选择大廓型下摆来增加设计分量。创意类设计多采用不规则或非常规形态下摆，以增加创意感。（图2-1-21）

（5）口袋

口袋设计是服装的零部件设计，在整体风格中不属于主体作用，主要起功能、装饰的作用。根据口袋的不同样式可分为（图2-1-22）：

贴袋——贴在主体服装上，袋型完全外露。根据体积不同，有平贴袋和立体贴袋。根据开合方式不同，分为有盖和无盖。

① 图片来源：高秀明. 服装十讲[M]. 上海：东华大学出版社，2018.

图2-1-21　下摆设计

A是规则收拢型下摆，细节设计处理含蓄，B、C为体量化设计，D是非常规形态下摆，E是非常规形态下摆的体量感设计，F为不对称下摆。

暗袋——在服装上只能看到袋口，看不到完整口袋的口袋。分为**挖袋和插袋**。挖袋是在服装上挖开一定宽度，从里面衬以袋布，然后在开口处用线缝固定的口袋，又称嵌线袋。插袋是在服装的接缝处直接留出袋口的暗袋。

里袋——在服装里面的口袋，是一种以实用性为主、审美为辅的口袋，但是也有设计师巧妙地利用这一点，反常规地为里袋进行美观设计，给人耳目一新的效果。

图2-1-22　口袋设计
A贴袋，B挖袋，C插袋，D里袋，E复合袋，F~M是口袋的创新设计范例。

复合袋——是几种袋型综合在一个口袋上的形式。

5. 服装辅料设计

服装辅料是对服装起到辅助或衬托的材料，与面料一起构成服装的整体材质。辅料一般包括：里料、填充料、衬、垫、其他连接性辅料（纽扣、拉链、绳带、挂钩，环……），其他装饰性辅料（气眼，铆钉……）等。但是，随着设计的发展，很多“不起眼”的辅料成为服装的设计亮点。

（1）纽扣

纽扣是服装中最常见的连接和固定性辅料。从审美角度，大多数扣子起到点的作用，也有一些扣子密集排列，形成线感或面感。设计师常常利用各种手段使纽扣实现实用价值的同时增加美感（图2-1-23）。

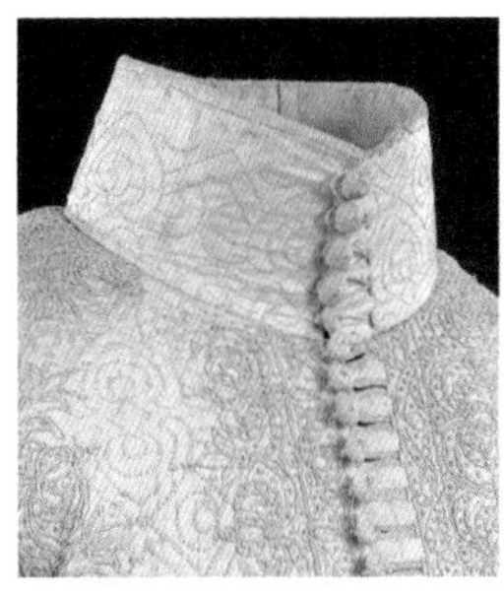
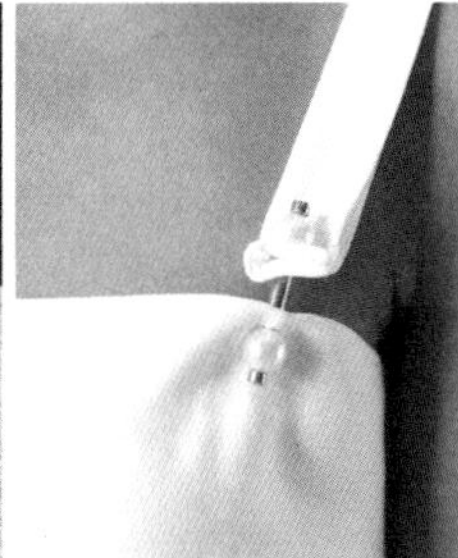
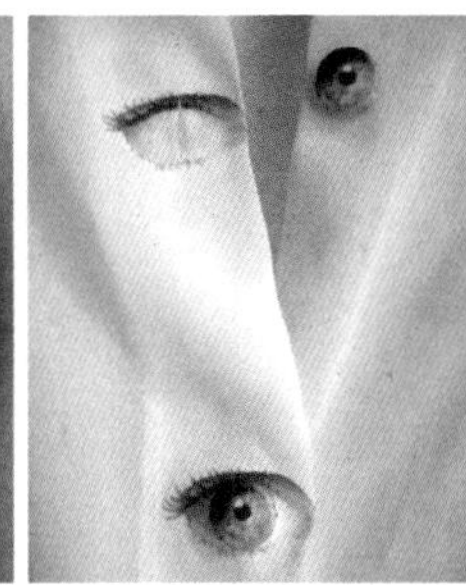
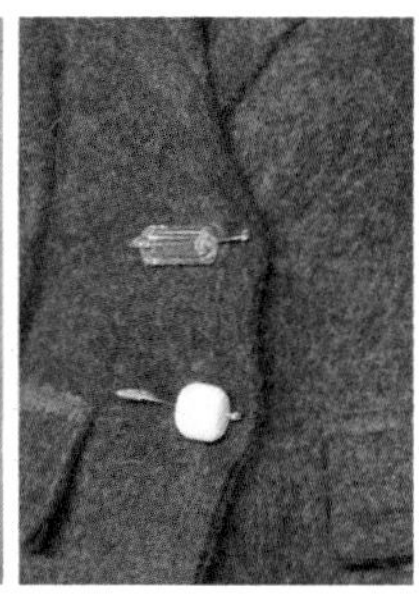

图2-1-23　纽扣设计

（2）绳带

绳带是服装上的带状辅料，通常具备连接、抽拉、固定等实用功能，同时兼具线性装饰感。不完全固定在服装上的绳带具备很强的动感（图2-1-24）。

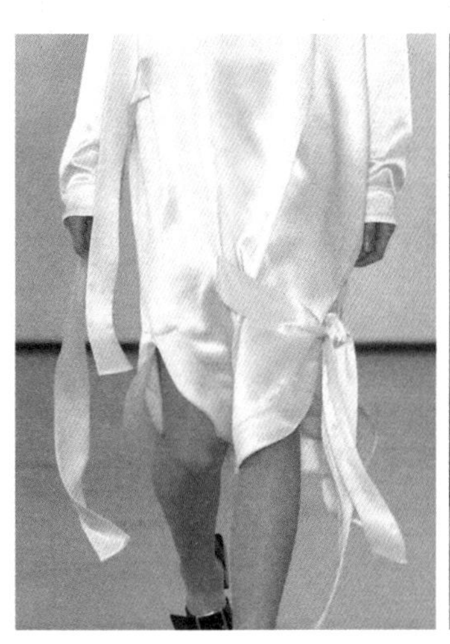
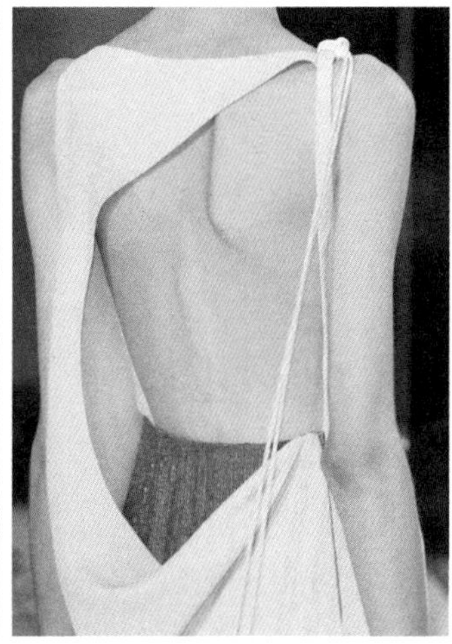
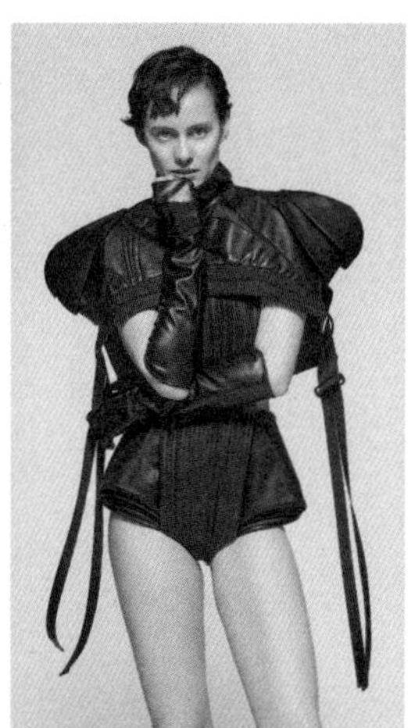
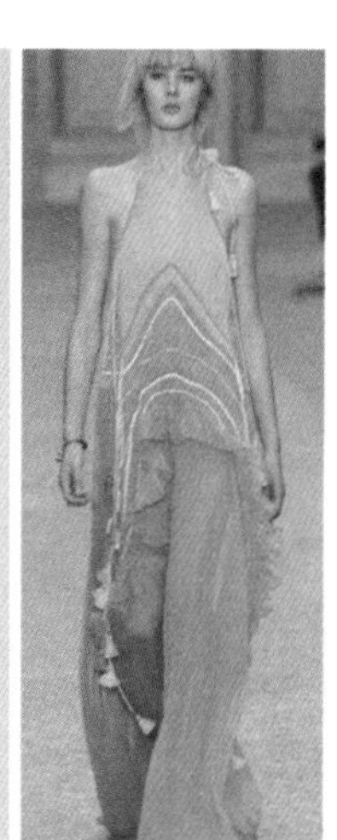

图2-1-24　绳带设计

（3）衬里

衬里是服装的里料和衬料。多数的里衬是起到加厚、挺括、掩饰、增加舒适度等作用，也有一些特殊设计，把这种通常不外露的材料，作为设计点而有意地外露出来（图2-1-25）。

图2-1-25　衬里设计

（4）其他辅料

其实辅料种类很多，除了以上所讲的内容，以辅料作为设计点的还包括：拉链、扣襻儿、曲别针、气眼、铆钉、夹子等（图2-1-26）。

图2-1-26　辅料创新设计

接下来，我们尝试进行第一次设计练习。本书会给大家一个设计流程参考，引导大家如何完成一个元素设计：分析—学习—设计。

练习（一）元素——拉链

设计目标与要求：以拉链作为设计元素进行女装设计

设计分析：

拉链（zipper）——起初拉链的英文名千差万别，市场上充斥着"自动式纽扣""普拉扣（plako）""C-security"卡齿等名字。虽然这些名字有些很专业，有些很形象，但都不够传神，很快就被人们忘记了，直到“zipper”这个词的出现。今天，我们在开合拉链时依旧能听到那一声经典而又清脆的“zip”。“Zipper”不仅代表了开合时的顺滑，更代表了拉链快速、迅捷的开合方式。

拉链，作为一种服装紧扣材料，通常被归类为服装辅料。虽然如此，它在面料中扮演的角色却不可小觑。在一些“胆儿肥”的设计师眼中，它甚至能超越面料，通过不同寻常的结构设定，成为服装设计中的主角。拉链不但可以应用于装饰，各式质感与色彩也为拉链设计创造诸多的可能。

1. 开合

作为开合性的辅料，拉链处开合的真假、形式、开合对象，都是对拉链进行设计的常用点。

2. 线性

拉链二字中“链”字便透露其“线条”的性质，通过改变线的变化而强调服装风格，丰富设计语言，可以尝试将拉链运用到服装的各个细节部位。如将其运用在省道、肩线、育克、裙摆中等，都可以加强视觉张力。

除了常规的结构线设计，还可利用拉链的线条感对服装进行解构、重构，形成反常规的服装效果，使“线条”延伸。或是局部的缩小、扩大乃至变形等。

3. 材质应用

拉链除了形态位置以外，还有材质变化。例如：柔和线条的拉链辅以晚礼服，使其增加强势性感，抑或是牛仔面料搭配坚硬的古铜色金属拉链，增加怀旧感。除了这种顺位材质的应用，还有逆向的材质对比，调和过于统一的设计效果。

设计范例：见图 练习1-1。

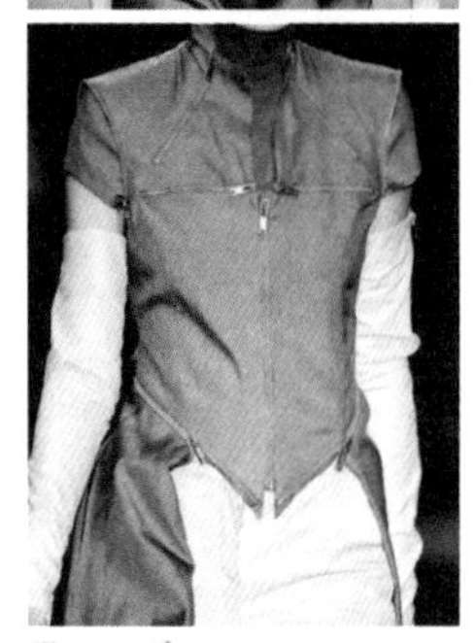

图 练习1-1　拉链设计应用

作业评价标准：

草图20款以上，能包含多种拉链设计角度，为合格。

能结合流行元素、新技术，有较为独特的设计角度，体现一定的风格特点，能完成拉链与服装和谐统一的完整设计，为优秀。

二、服装色彩

色彩之所以存在，有赖于不同光波的反射与吸收。在物理学上，光是属于一定波长范围内的一种电磁辐射。光辐射时，产生波峰，两个波峰之间的距离称为波长，光线的颜色是由波长的范围决定的。物体表面和传播媒介对所有的或特定的波长光线产生折射、反射、衍射或者干涉作用。其中，我们能看到的光波作用的颜色都属于“可见色”。比如，红色之所以看上去是红色的，是由于红色波长被反射了出来，而其他波长被吸收了；而白光是由一组色光混合而成的，不属于可见色范畴。色彩的波长极其复杂，光源由于“反射比”不同而产生变化，同时人眼的敏感度不同，所看到的色彩也不尽相同。

（一）色彩的色系

色彩的色系大致分为**有彩系**和**无彩系**。有彩系指可见光中的色彩。无彩系指由黑、白及黑白两色混合成的灰色系列。从物理学角度来看，无色系不在可见光范围内，理论上不能称为“色彩”。但是，它们从视觉和心理上具备完整的色彩性质，故我们也把无色系包含在色彩体系中。

（二）色彩的种类

由于波长不同，人眼所能看到的**光三原色**为**红、绿、蓝**，而**颜料的三原色**为**红、黄、蓝**。原色又叫第一次色或基色，指色彩中不能再分解的基本色。任意两种原色组成的颜色称为**间色**，任何两个间色或三个原色相混合产生的颜色称为**复色**，复色最丰富。通过不同比例的原色组合，形成了现实生活中的多彩世界。

（三）色彩三属性及色环

有彩系颜色包括三个基本要素，被称为“色彩三属性”。

1. 色相：指不同波长的光给人带来的不同色彩感受，也称色度，比如红、黄、蓝等。人们将不同的色相排列为一个环，称为色相环。（图2-1-27）

以色相为基础的色彩关系包括：同类色、邻近色、类似色、中差色、对比色、互补色（图2-1-27）。

（1）同类色：指同一色相的各种纯度或明度之间的色彩关系。

（2）邻近色：指在色环中30度以内的色彩关系。

（3）类似色：指色环上相隔2~3个色相的色彩关系，通常在色环60度以内。

（4）中差色：指相隔4~7个色相的色彩关系，通常在色环90度以内。

（5）对比色：色相环上120度以内的色彩关系。

（6）互补色：是指色环直径两端的颜色，也就是色环上180度上的色彩关系。

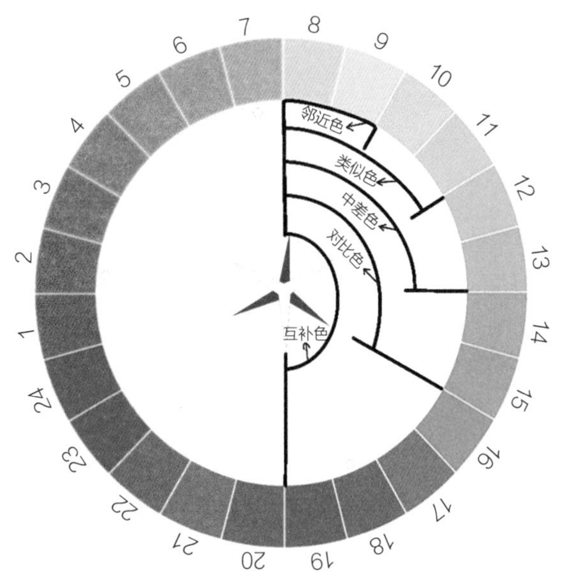

图2-1-27　pcss 色相环

2. 明度：指色彩的明暗变化，又称光度、深浅度。计算明度的基准是灰度测试卡。根据孟塞尔色立体理论，黑色到白色之间可等间隔地排列为九个阶段，称为明度色标。越接近白色，明度越高，越接近黑色，明度越低。明度色标中分为高明度、中明度、低明度三个区域。（图2-1-28）

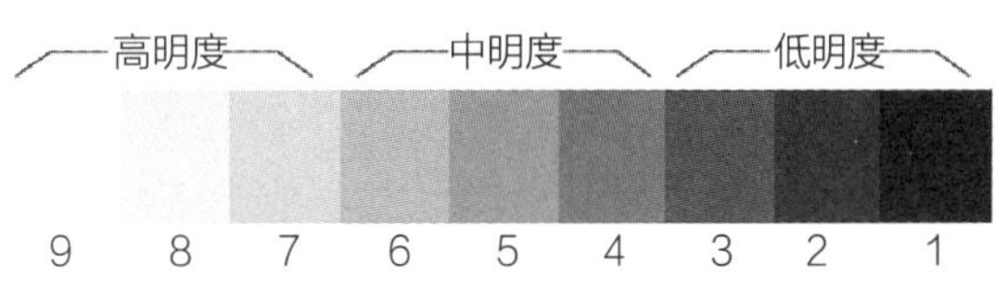

图2-1-28　明度色标（色标显示的是不包括黑0、白10的灰色明度）

以明度为基础的色彩搭配，由两个及以上的色彩搭配组成。根据孟塞尔色立体理论，如果配色的明度差在明度色标中的三个阶段及以内，称之为短调；如果配色的明度差在明度色标中的三阶段以上、五阶段及以内，称为中调；如果配色的明度差在明度色标中的六阶段及以上，称为长调。三种调性配合高、中、低明度色调，则构成了明度的九种配色，称为明度九调。（图2-1-29）

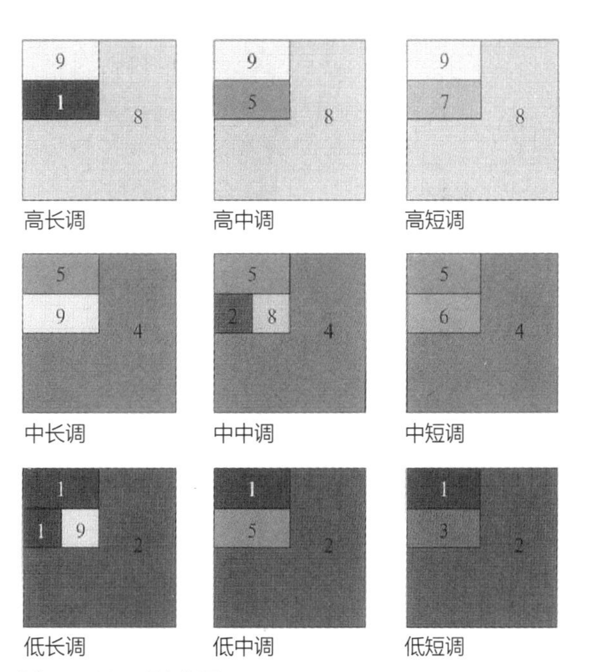

图2-1-29　明度九调

3. 纯度：指色彩的纯净程度、鲜艳程度，又称鲜艳度、彩度、饱和度。通常一种颜色加入黑色、白色或其他彩色时，纯度都会变化。并且，不同的色相能达到的纯度也是不同的，色彩的含色度越高，彩度越高，也就是通常说的纯度越高。纯色中红色纯度最高，绿色最低。无色系只有明度上的变化，而不具备色相与纯度的性质。

以纯度为基础的色彩搭配与明度研究方法相似，我们可以先将纯度分为九个阶段（不包括纯灰色0和最饱和色10），称为纯度色标。将纯度色标分为高纯度、中纯度、低纯度三个区间。九个纯度阶段中三个阶段间的纯度搭配，称为弱对比，六个阶段间的纯度搭配称为中对比，七个及以上阶段纯度搭配称为强对比。低纯度色彩加上纯灰色又可称为低浊调区域，高纯度色彩加纯色又可称为高鲜调区域（图2-1-30）。低浊调、高鲜调、中调与强对比、中对比、弱对比共同组成纯度的九种搭配。（图2-1-31）

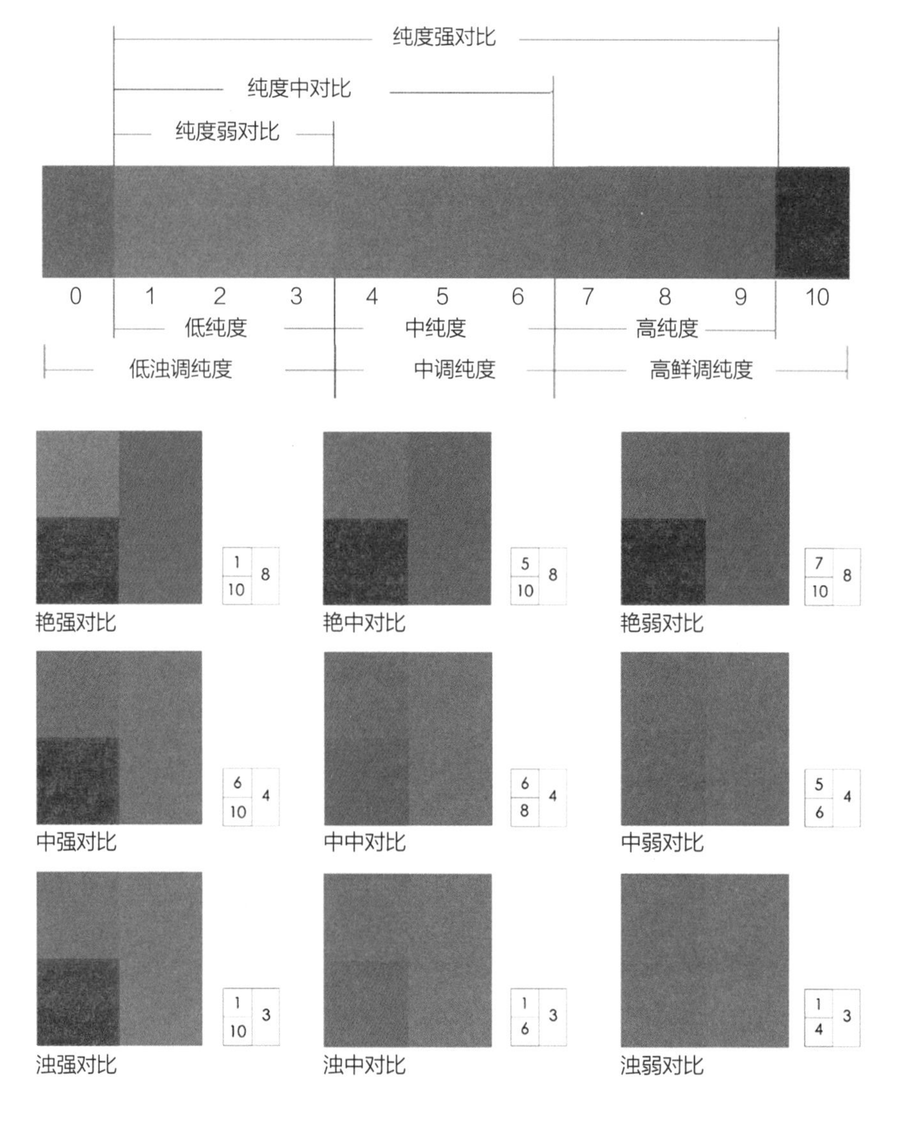

图2-1-30　纯度色标

图2-1-31　纯度九调

（四）色立体

科学家把所有的色彩排成一个绝妙的大坐标，这就是**色立体**。色立体的坐标轴分别是色相、明度和纯度。挑选的典型颜色不同，就出现不同流派的色立体。现在应用最广泛的色彩体系有四种：孟塞尔色彩体系（Munsell），奥斯特瓦德色彩体系（Ostwald），日本工业色彩体系（PCCS）和瑞典自然色系（NCS）。这几个颜色体系最大的共同点，在于它们都采用了一个“色相—明度—饱和度”的树形结构，所以一眼看去有点像。其区别是研究的侧重点和应用目标不同，前文涉及的明度色标、纯度色标和色相环等在各种色彩体系中都不同。奥斯特瓦德色彩体系是比较早的色立体研究，是以饱和度最高的单色颜料，根据韦伯定律①（Weber-Fechner Law），设计了以1：1.6的递长变化比例，添加白色和黑色，形成不同明度、饱和度的等腰三角形，然后根据24个色相完成色立体，奥斯特瓦德对后面几个色彩体系都有深远影响，但是，其应用的“等比序列”的数学公式无法完全匹配人眼感受，现在应用比较少了；瑞典自然色系（NCS）深受奥氏启发，但是放弃了“等比序列”的研究方法，简单易懂，有详细的配色研究，是奥式的升级版。但由于形状对称，使得所有纯色（即色相环上的颜色）明度值都一样，这不符合人的视觉感受，就好像我们不可能觉得明黄与绿色明度相同一样。NCS配色的公开资料很少，因此只有欧洲常用。孟塞尔色立体更强调视觉的等感觉差，实现了真正的明度、饱和度的概念，并且在原色中增加紫色，使色立体的色差更均匀，形状更具科学性，适用范围最广，美国尤其常用。日本工业色彩体系（PCCS）是在孟赛尔的基础上进行的研究，因此与孟赛尔色立体很像，但是它发展出了更具体的配色理论，发明了新的颜色参数即色调，把饱和度和明度进行有机结合，非常适用于设计市场，日本常用。（图2-1-32）

（五）色彩的“表情”

色彩是一种物理现象，怎么会有“表情”？因为我们觉得它有表情！不同波长的色光信息，作用于人的视觉器官，并通过视觉神经传入大脑，与以往的记忆及经验产生联想，带给人不同的心理感受，继而产生情感。视知觉的这种传导过程，让我们觉得色彩似乎有属于自己的性格和“表情”。德国的艾娃·海勒（Eva Heller）在《色彩的性格》一书中曾展示

---

① 韦伯-费希纳定律是指人的感觉量的增加，落后于物理量的增加。韦伯等科学家认为，物理量是成几何级数增长的，心理量则成算术级数增长。

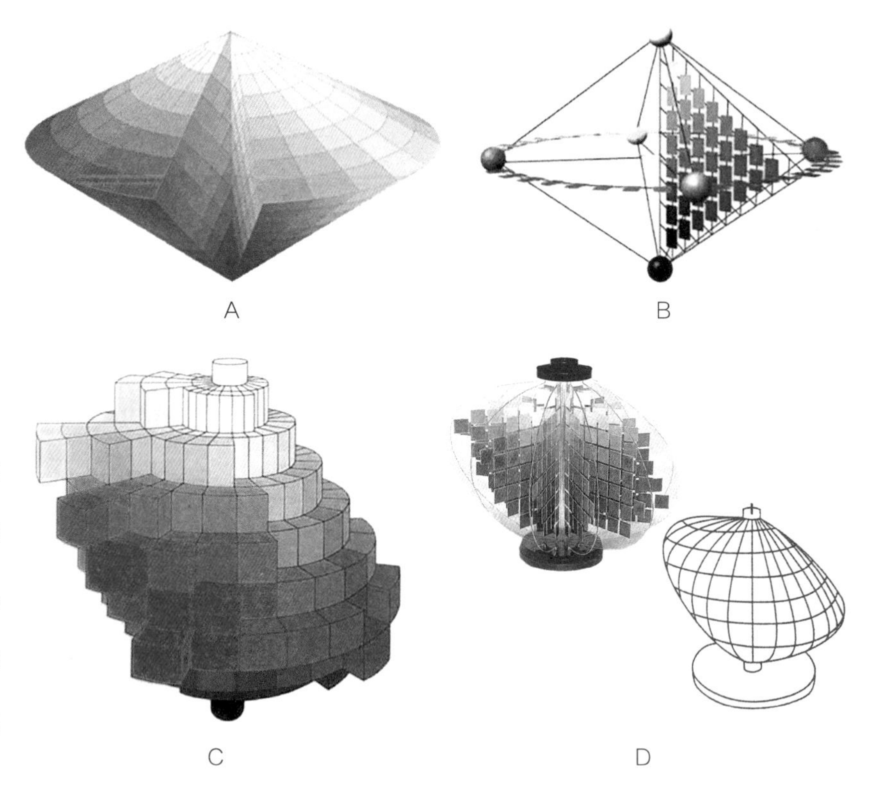

图2-1-32 四种主要色立体流派

A为奥斯特瓦德色立体（1921年）。

B为瑞典自然色系（1930年）。

C为孟赛尔色立体（1943年）。

D为日本工业色彩体系（1964年）。

了色彩在典型性意义中的众多效果，研究内容很有趣，很能扩展我们对于他人视知觉的了解。尽管人的感受有一定的相似性，但是，色彩的“表情”主要依赖于个人感觉，不应该给它的学习去固定一个模式。因此，本书不想在这里讲：红色象征热情，蓝色象征忧郁，绿色象征生机，黄色象征活力……“一切色彩应用规律都不是绝对的”才是色彩设计的真理？然而，我们必须了解，通常意义上，初学者可以从几个方面去体会色彩给我们的“表情”。

1. 色彩的冷暖：指人通过视觉产生的主观感受，但是研究表明，冷暖感与色彩光波长短有关，光波长给人温暖感，光波短则反之。无彩色总体偏冷，但是相比而言，灰色、金属色比较中性，黑色偏暖，白色偏冷。

2. 色彩的进退：指当色彩在一个平面时，不同的视觉距离感。一般来说：暖色进，冷色退。明度高进，明度低退。纯度高进，纯度低退。

3. 色彩的轻重：主要来自色彩的明度。明度高感觉轻，明度低感觉重。

4. 色彩的软硬：与纯度有一定关系，通常高纯度和低纯度都让人觉得硬，而中性纯度有软感。

5. 色彩的膨胀与收缩：与色调和明度有关。冷色属于收缩色，暖色属于膨胀色。明度高膨胀，明度低收缩。法国国旗在设计时，考虑色彩的膨胀和收缩效果，为了使人在视觉上感到三色面积相等，将比例定为红35，白33，蓝37，这就是很好的应用实例。

6. 色彩给人带来的心理情绪变化，比如兴奋与沉静，华丽与质朴等。这些主要受色彩三要素的综合影响，比如长色光特性的颜色给人兴奋、华丽感，短色光特性的颜色给人沉静、质朴感。这里还有一种特别的色彩是金属色。金属色由于具有特殊的光泽，在降低了视觉纯度感受的同时，产生对贵金属的潜意识联想，而具有很强的华丽感。

（六）色彩在服装设计中的应用

罗丹在艺术论中说：“色彩的总体要表明一种意义，没有这种意义就一无是处。”这就讲明，色彩的关键在于应用。我也会常对学生讲：“没有难看的颜色，只有难看的配色。”我们如何“记录—学习—应用”配色，成为服装色彩设计的重要能力。

1. 色彩提取方法

第一步：选取一张你要提取色彩的图片。通常图片与灵感相关，色彩风格与要进行的服装设计项目风格贴合，符合服装的品类、季节、地域、市场等要求。

第二步：将图片中的色彩依次提取出来，以色块的形式画在一张白纸上。注意色彩的排列要有规律，通常是以图片中颜色位置的远近，色彩的色系、明度、纯度来归类。

第三步：整合已经提取的色彩。先去掉一些没有特色的、比例很小的或者提取不够准确的色彩，然后去掉非常突兀或者影响整体色调风格的颜色，将剩余的颜色重新排列。

第四步：分析已经提取的色彩。是否包含良好的明暗、纯度、色调关系，比例是否协调，色彩是否有利于营造服装风格，是否符合服装定位，色彩是否涵盖了图片色彩的风格、特点、比例分配，对应进行调整。

第五步：色彩应用于设计。将调整好的色块尽量按比例用在设计中。要注意，应用中不能过于教条，也不能太随意。教条于色彩不多不少、比例不变，会因噎废食。太随意，又丧失了提取色彩的意义。色彩的应用还要充分考虑材料的影响，比如：金属质地、透明面料或肌理面料等会降低色彩的纯度，但是可以增加风格性，棉、麻、毛等质地的面料往往本身就达不到印染的高饱度等。（图2-1-33）

图 2-1-33　色彩提取应用示例

2.影响色彩应用的要素

《闲情偶寄》中，李渔讲:“记予儿时所见，女子之少者，尚银红桃红，稍长者尚月白，未几而银红桃红皆变大红，月白变蓝，再变则大红变紫，蓝变石青（青非青也，玄也。因避讳，故易之。）……可谓‘齐变至鲁，鲁变至道’，变之至善而无可复加者矣。其递变至此也，并非有意而然，不过人情好胜，一家浓似一家，一日深于一日，不知不觉，遂趋到尽头处耳。然青之为色，其妙多端，不能悉数。”这里记载了古人对服装色彩应用变化的分析鉴赏。现代服装色彩应用的影响因素主要分为以下几种。

（1）审美需求对色彩应用的影响

服装设计的色彩应用最常见的是为了满足审美需求，大都遵循一定的审美规律，其中最常用的就是第一章讲到的几种美学规律，包括对比、节奏、调和、比例以及视错等。除此之外，还应包括色彩风格的审美应用。（图2-1-34）。

（2）功能性要求对色彩应用的影响

一些设计在功能上有色彩需要，例如保护色的需要催生了迷彩，警示作用的需要催生了强对比、高明度、高纯度的警示色等（图2-1-35）。

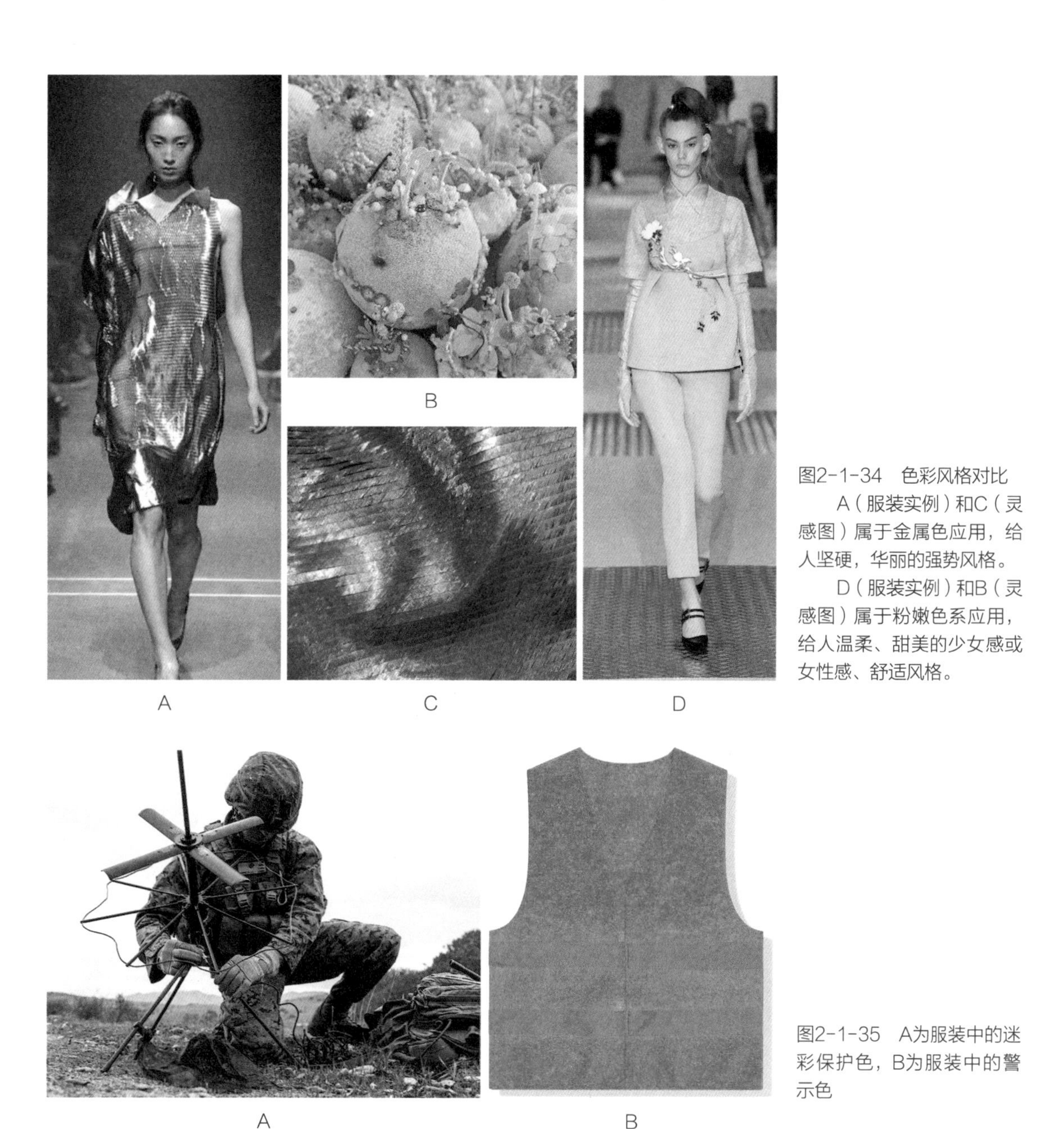

图2-1-34　色彩风格对比

A（服装实例）和C（灵感图）属于金属色应用，给人坚硬，华丽的强势风格。

D（服装实例）和B（灵感图）属于粉嫩色系应用，给人温柔、甜美的少女感或女性感、舒适风格。

图2-1-35　A为服装中的迷彩保护色，B为服装中的警示色

（3）市场和流行对色彩应用的影响

市场中，产品采用单一颜色并不会限制购买，但是超过一种颜色的色彩应用往往可以刺激消费者的购买欲望。市场没有色彩定律，但是有一些规律还是值得总结的，比如：金属色可以协调色彩对比关系，也可以突出主色。彩色配件或彩色的副设计（像鞋底等地方）可以突显风格和品牌特点。无色系和棕色系由于便于穿搭的优势，在市场中始终都是畅销色，尤其在秋冬季更明显。

流行色是服装色彩设计的重要指挥棒。在一定时期和地区，被大多数人接受并喜爱而广为流行的、带倾向性的色彩或色调，称为流行色，英语为“Fashion Colour”。能够影响色彩流行的因素很复杂，包括社会、经济、科技、文化、事件、艺术、客观气候环境、人的生理心理变化等。通常每年流行色研究机构提前24个月发布国际色彩趋势，提前18个月各国发布自己的流行色趋势。研究机构发布的流行色大致可以分为标准色、主题色、前卫色、预测色等，用于指导纱线流行和时装流行。（图2-1-36）。

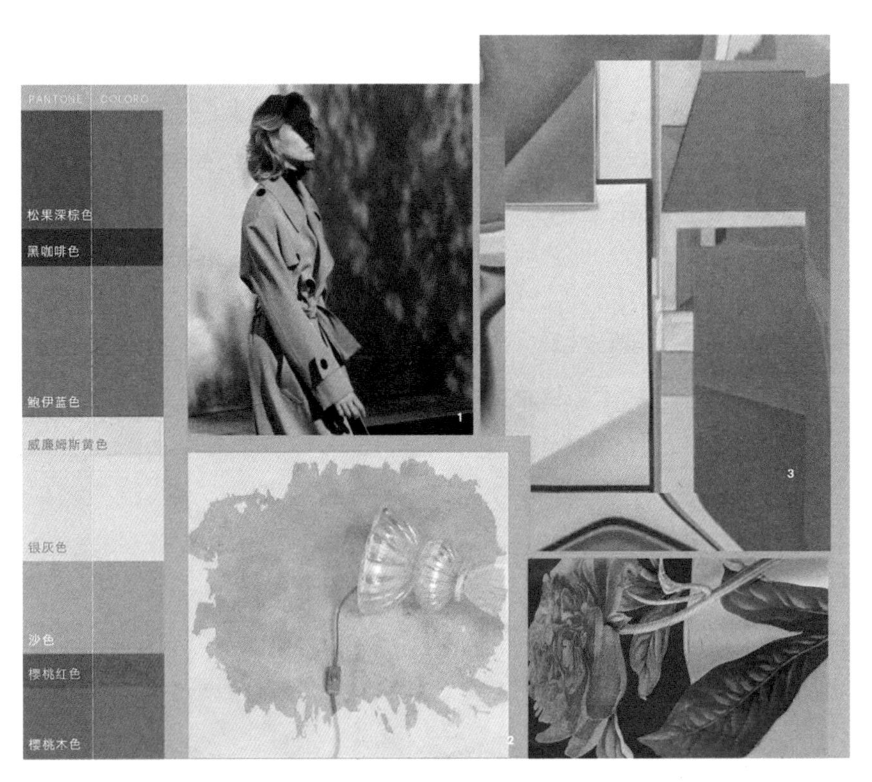

图2-1-36　WSGN发布的2020秋冬色彩趋势图

（4）文化、地域、习惯对色彩应用的影响

不同的文化、地域、习惯也会影响色彩的应用。例如：我国丧礼穿白色，而欧洲国家会穿黑色。有时候，色彩习惯也有一定的弹性，但是弹性是有限制的，比如：我们通常觉得医生应该穿白色，但是将一些低纯度、高明度的色彩应用在医院，类似浅粉色、浅蓝色、浅绿色等，由于其也具有冷静、轻松等特点，所以也可以被接受。可是，我们用高纯度的大红色就不符合医院的色彩需要了。因此，作为服装设计师，必须了解产品受众的地域、文化、习惯等方面的需求及需求背后的深层原因，这样才能更自如地运用色彩。

练习（二）色彩提取训练——自然中的流行色

选取一张自然风光的图片，按照本章所教的色彩提取方法进行提取训练，如果可以进行款式设计的同学，可以进一步将色彩应用在自己的系列设计中，最后依次检查每个环节是否设计合理。

三、服装材质

服装材质是服装由平面设计转变为物质实体的重要媒介。常规服装材质包括服装面料、服装里料、服装辅料等。

（一）服装材质种类

服装的材质非常复杂。概括而言，从原料材质上，服装材料大致分为**纺织材料**和**非纺织材料**（如金属、皮革、棉花、羽绒等）。纺织材料是通过纤维—纱线—纺织—后整理几个生产过程而成形的。通常人们将长度比直径（直径在几微米或几十微米）大千倍以上，且具有一定柔韧性和强力的纤细物质统称为纤维。纤维捻在一起形成纱线，再通过纺织构成面料。纺织材料从纺织工艺上，分为**针织**和**梭织**（2-1-37）。针织面料是利用织针将纱线弯曲成圈并相互串套而形成的织物；梭织面料是织机以投梭的形式，将纱线通过经、纬向的交错而组成，其组织一般有平纹、斜纹和缎纹三大类以及它们的变化纹（2-1-38）。

纺织材料从原料上，分为**天然纤维材料**和**化学纤维材料**。

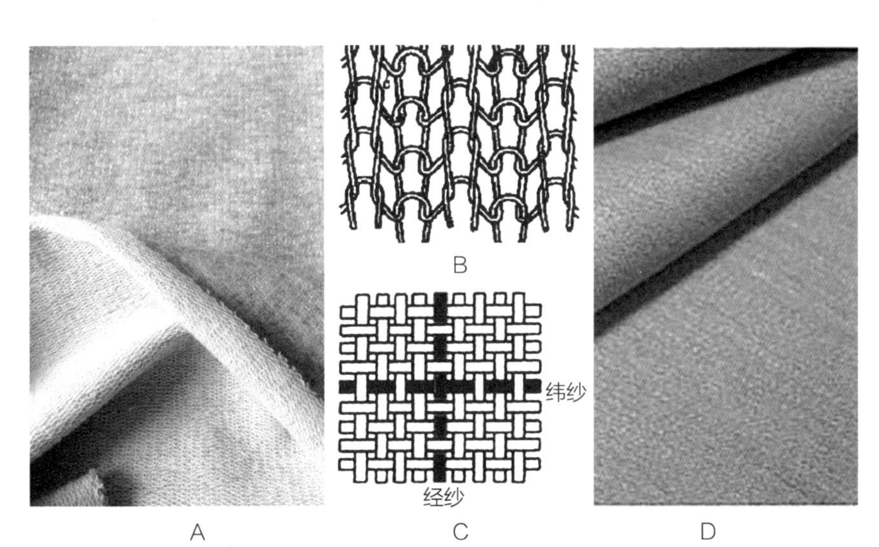

图2-1-37　服装材质
A针织面料，B针织结构示意图，C梭织结构示意图，D梭织面料。

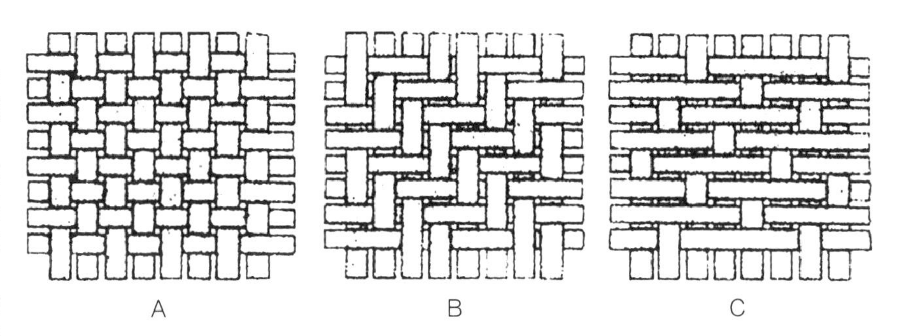

图2-1-38　面料组织

A为平纹组织，由经纱和纬纱一上一下相间交织而成的组织。

B为斜纹组织，经组织点（或纬组织点）连续成斜线的组织，面料表面有斜向纹路，正反面外观不同。

C为缎纹组织，每间隔四根以上的纱线才发生一次经纱与纬纱的交错，且这些交织点为单独的、互不连续的，均匀分布在一个组织循环内。织物表面具有较长的经向或纬向的浮长线分类，面料表面有光泽。

1.天然纤维

天然纤维是自然存在的，具有可纺织价值的纤维包括**植物纤维、动物纤维、矿物纤维。**

（1）植物纤维

植物纤维中最常用于服装中的有棉、麻纤维。

在棉纤维中，平纹面料主要有：平布、府绸、泡泡纱、帆布等。斜纹面料主要有：斜纹布、卡其布、牛仔布等；缎纹面料主要有：直贡缎、横贡缎等。

麻纤维分为亚麻和苎麻，其织物很多是麻纤维与其他纤维混合织造。

（2）动物纤维

动物纤维中最常见的是丝、毛纤维。

用蚕丝织造的主要面料有：绸、缎、纱、绫、锦、绒等。从成分上有纯丝和混纺两种。

毛纤维常见的有羊毛、兔毛、驼毛等。羊毛织造面料主要分为：粗纺毛料和精纺毛料。粗纺面料大多适用外衣，主要有：麦尔登、法兰绒、粗花呢等；精纺面料适用更广，主要有：毛华达呢、凡立丁、花呢等。兔毛纤维单独纺纱难，多与其他纤维混纺。驼毛由于保暖性强，多为冬装里衬，主要有：美素驼绒、花色驼绒等。

（3）矿物纤维

矿物纤维是从纤维状结构的矿物岩石中获得的纤维，主要组成物质为各种氧化物，如二氧化硅、氧化铝、氧化镁等，其主要来源为各类石棉，如温石棉、青石棉等。在服装中，矿物纤维舒适度弱且有一定性能特点，大多时候和其他纤维复合应用，例如碳纤维复合面料、银纤维复合面料等。

2.化学纤维

化学纤维是以天然或人工合成的高聚物为原料，经过特定加工制成的纤维，根据原料来源主要分为**人造纤维**和**合成纤维**两个分支。人造纤维是利用天然高分子化合物，如纤维素或蛋白质为原料，经过一系列化学处理和机械加工而制得的纤维。合成纤维是以石油、煤、石灰石、天然气、食盐、空气、水以及某些农副产品等不含天然纤维的物质作原料，经化学合成和加工制得的纤维。

根据我国有关部门规定，人造纤维的短纤维一律叫**“纤”**（如粘纤、富纤），合成纤维的短纤维一律叫**“纶”**（如锦纶、涤纶）。如果是长纤维，在名称末尾加**“丝”**或**“长丝”**（如粘胶丝、涤纶丝、腈纶长丝）。混纺或交织的织品，按照组分的多少顺序来命名，组分多的排在前，组分少的排在后。如果组分相同，就按**天然纤维、合成纤维、人造纤维**的顺序排列（如75%的棉花加上25%的涤纶混纺府稠叫棉涤府稠）。

人造纤维按原料、化学成分和结构不同可分为人造纤维素纤维（如黏胶纤维，富强纤维）、人造蛋白质纤维（花生纤维，大豆纤维等）和无机纤维（玻璃纤维，金属纤维等）三大类。[①]

合成纤维可分为：碳链合成纤维[如聚丙烯纤维（丙纶）、聚丙烯腈纤维（腈纶）、聚乙烯醇缩甲醛纤维（维尼纶）]和杂链合成纤维[如聚酰胺纤维（锦纶）、聚对苯二甲酸乙二酯（涤纶）等]。

3.非纺织类服用材料

非纺织类服用材料包括**天然原料**和**非纺织织物**两大类。非纺织织物是指不经过传统的纺织工艺由纤维层构成的纺织品，典型结构有：纤网结构、纱线型缝编结构等。

（1）毛皮

毛皮制品目前主要分为**皮革**和**皮草**两大类。皮革是经过加工处理的光面或绒面动物皮板的总称，有**天然皮革**和**人造皮革**。天然皮革是天然材料，因此属于非纺织类材料。根据皮质分为**全粒面皮**（全天然，没经修复的皮）和**修面皮**（有部分破损，人工修复过的皮）。人造皮革分为**人造革**和**合成革**：人造革是以纺织底布加化学涂层所制，属于纺织类材料。合成革是以非纺织布为底加化学涂层所制，属于非纺织材料。皮草是经过处理的动物皮毛，分为天然皮草和仿制皮草。

①市场中的皮毛分类

皮毛售卖时一般分为：整兽皮（分为小兽皮、中兽皮、大兽皮）、半边（沿脊柱一分为二的兽皮）、碎皮等。常见的天然皮毛有：

A. 牛皮：牛皮是最常见的天然皮料，富有光泽，耐磨，但相对较

---

① 张辛可. 服装材料学[M]. 石家庄：河北美术出版社，2005.

厚，用途最广。可以做皮衣、箱包、皮鞋、皮带等。常见品类有：小牛皮、水牛皮、成年牛皮等。

B. 羊皮：羊皮手感比牛皮柔软，可以剖的很薄，但是其纤维组织韧度差，一般多用于皮衣、手包，不做耐磨度要求高的产品。常见品类有：绵羊皮、山羊皮等。

C. 鱼皮：鱼皮用于衣服不多，大多用于箱包配饰。常见品类有：鳄鱼皮（造价较高）、泰国珍珠鱼皮（表皮石化组织坚硬，造型较困难）等。

D. 其他皮常见品类有：鸵鸟皮（多用于包）、袋鼠皮（高端球鞋用料，也可用于包、皮带等）、猪皮（多用于皮带、鞋）、马皮（多带有马毛一起）、蛇皮（用途较为广泛，衣、鞋、包都常见）等。

E. 常见皮草有：貂皮、海狸皮、狐毛皮、兔毛皮等。皮草里除了杂毛类的兔毛、猫毛等，大部分价格较贵，整料多用于皮衣和包，边角料可用于其他饰品。

②皮革鞣制

皮毛的生皮容易腐烂，要经过鞣制过程才能成为性能稳定的服饰品材料，常见的皮毛鞣制方法采用：**铬鞣、植鞣、醛鞣、油鞣**等。

A. 铬鞣，是用化学鞣制剂进行皮毛鞣制的方法。常用的铬鞣鞣制剂包括：碱式铬盐、碱式铝盐和甲醛。铬鞣制皮速度快、成本低、色彩丰富、触感柔软、防水性好，但是金属铬鞣不环保，很多国家已经禁止使用。

B. 植鞣，是以植物鞣剂（比如树皮、叶子、根、果实等）加工皮毛的鞣制方法，分为半植鞣皮（植鞣接续铬鞣的工艺）和全植鞣皮。植鞣皮大多是动物的本色，结构紧实，吸水性强，颜色会随时间的流逝而变深，是做原色皮具、皮雕的最佳选择。

C. 醛鞣，是利用醛类鞣制皮革和毛皮的方法。常用的醛试剂是甲醛和戊二醛混合水而成（称为福尔马林）。醛鞣皮革由于颜色的原因，称为**“湿白皮”**，是处理鹿皮的常用手段，外观通常不尽如人意，容易破裂，但是触感极为柔软。

D. 油鞣，是用某些油脂处理皮子使之成革的方法。常用的油脂是海产动物油，因其富含不饱和脂肪酸，至少含两个以上的双键，碘价高，酸价低。用此类油脂处理后的皮，置于一定温度、湿度条件下，油脂发生缓慢氧化，其氧化聚合物包裹胶原纤维，使胶原纤维间具有活动性和疏水性。产生的醛类和其他氧化物与皮胶原发生交连而起鞣制作用。**油蜡皮**就是通过油鞣处理的皮革（图2-1-39），其生产工艺包括蓝皮（也称蓝湿皮，是

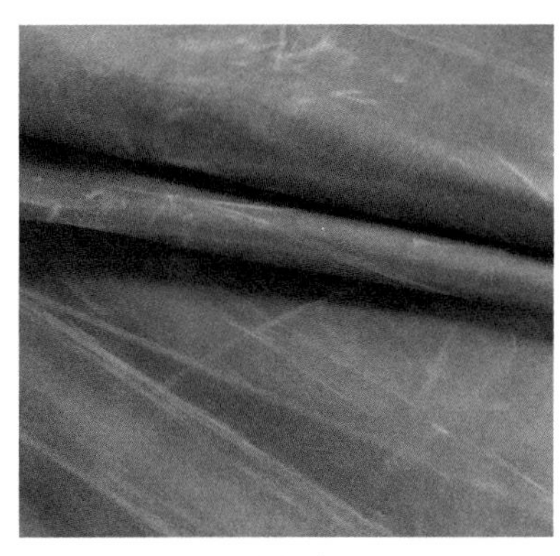
图2-1-39　普通油蜡皮

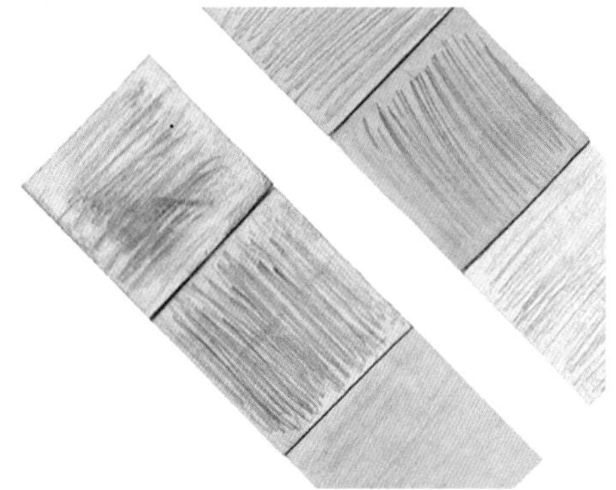
图 2-1-40　白雾蜡油蜡皮

底层涂饰完工之前的生皮）—染色—皮坯—磨皮—辊油—辊蜡—校色—光油（成品）等108道工序。皮革鞣制染色后，变得柔软，弹性好，张力大。

真皮的油蜡皮最大的特点是不封面，因此会“变色”，有的表皮会有一定的褶皱感，有的会有一点点黑斑。油蜡皮遇水会黑，水干之后恢复，遇到油和刮痕会留下痕迹，正是这种特点，使油蜡皮带有复古沧桑感。市场上，有一种复合油蜡感的人造革的仿真皮油蜡皮，和真皮油蜡皮外观很像，但是遇水不变色，也“养”不出痕迹变化，造价较低。

油蜡皮的油蜡效果包括很多种，例如：普通油蜡皮，其表面油亮像鞣了一层油或蜡（图2-1-39）。白雾蜡油蜡皮，表面就像一层白雾。用棉布擦拭会现底色，不同的擦拭力度，显色不同（图2-1-40）。阳离子蜡油蜡皮，表面看不出来，但是只要将皮料折叠或揉搓，就会看到面色与底色的交融变化。

（2）其他非纺织服用材料

其他的非纺织服用材料，大多用于服装填充、衬布、装饰或作为复合面料的一部分，例如：定型絮片、喷胶棉、填充棉、填充羽绒、装饰金属、装饰玻璃、陶瓷、羽毛、贝壳等。

4.非常规服装用材料及新型材料

随着科技的发展以及设计边界的拓宽，尤其是在解构风格的加持下，很多通常不在服装中应用的材料，都可以出现在服装设计中，还有一些原本作为常见的辅料和复合材料的非服用材料，现在转而单独应用，甚至成为服装主料。例如：PVC、TPU、橡胶、木质材料、金属材料、纸质材料等（图2-1-41）。近年来还有一些新型材料也在服装中得到应用，如：废弃回收材料（图2-1-42）、生物材料（图2-1-43）等。

图2-1-41　服装材料

A杜邦纸及服装，B木质面料，C木块帽子，D金属材质服装，E塑料材质（TPU，PVC），F橡胶材质（3D打印工艺）。

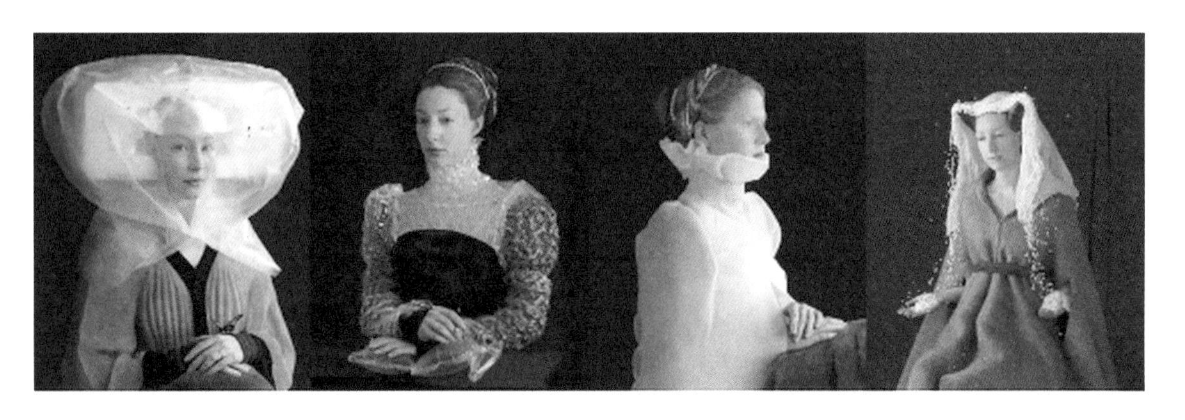

图2-1-42　废弃材料再利用

荷兰艺术家苏珊娜·琼格曼斯（Suzanne Jongmans）用聚苯乙烯泡沫塑料和厚气泡纸等包装废弃材料，结合丝绸和蕾丝面料，复刻欧洲文艺复兴时期的服装样式，形式感与思想性兼具。

（二）服装材质设计

从古至今，服装材质的设计都直接影响服装风格的塑造，在李渔的《闲情偶寄》《声容部》《治服第三》中有这样的描写："紬与缎之体质不光、花纹突起者，即是（服装）精中之粗，深中之浅；布与苎之纱线紧密、漂染精工者，即是（服装）粗中之精，浅中之深。"这段文字很好地讲述了古人对面料质地如何影响服装整体气质的认识。

1. 服装材料的整染

服装面料的坯布要经过练漂、染色、印花、整理等一系列加工工序，

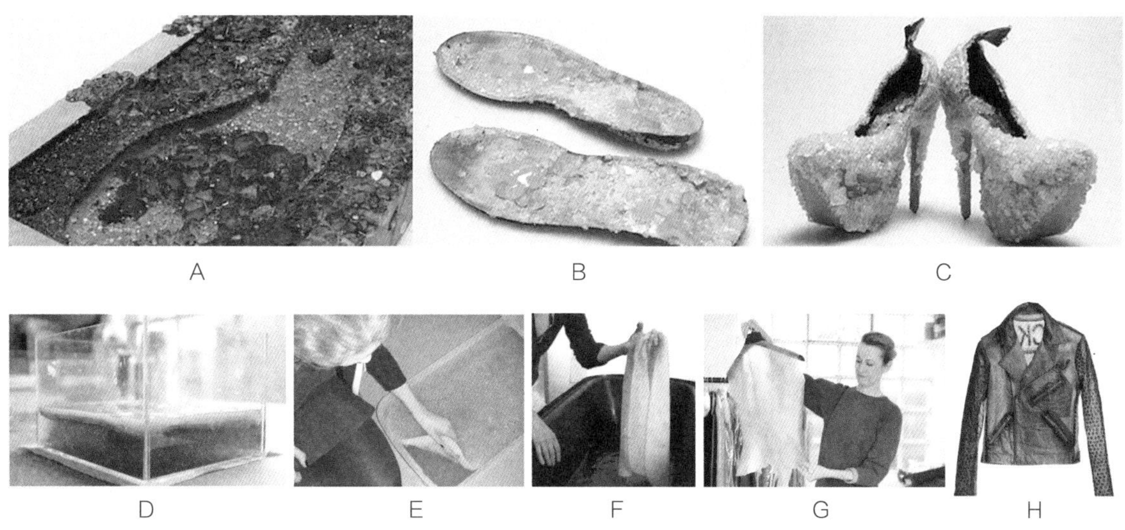

图2-1-43　生物材料

A~C展示的是：皇家艺术学院的配饰设计师艾丽丝·波茨（Alice Potts）通过创新方法提炼人体汗液制成的水晶配饰。

D~H展示的是：中央圣马丁艺术学院的时装设计师Suzanne Lee用红茶菌“种”出来的衣服。简单描述其过程：第一步，煮好红茶，加入几公斤糖，直到糖完全溶解。第二步，将调制好的茶倒入生长池中，保持温度降到三十摄氏度以下，然后加入活的微生物和醋酸。第三步，通过生长池下的电热毯使之维持微生物适合生长的温度。静待大约三天后，液体表面出现气泡，液体中的糖分给微生物以养分，出现极细的纳米纤维，纤维互相粘合形成纤维层，最后出现纤维布。两到三周后，形成纤维毯。最后一步，取出纤维毯，在冷肥皂水中冲洗，再到户外蒸发水分，得到我们要的面料。这种面料质感类似皮革，可以通过裁剪、缝制做成服饰品，也可以将湿面料包在模型外，风干后不需缝制，自然粘合成所需的立体形态。

这些工序称之为整染。

（1）练漂

天然纤维都含有杂质，在纺织加工过程中又加入了各种浆料、油渍等其他污染物，这些杂质既妨碍后期整染，也影响性能。练漂是纺织物精炼和漂白的总称，大致经过退浆、漂白、丝光等加工过程，其目的是应用化学或物理机械作用，除去杂质，使织物洁白、柔软，具有良好的渗透性能，以满足服装的使用要求，并为后期的工序提供合格的半成品。

（2）染色

染色，也称上色，是指用化学的或其他的方法影响织物本身而使其着色。染色可以在纤维、纱线、织物、成衣等任何阶段进行，通常有**化学染料染色**和**天然染料染色**两种。**化学染色又分为：直接染料染色，活性染料染色（用于棉），还原染料染色（需在碱性还原液中溶解才能用），硫化染料染色（不溶于水，溶于硫化碱），酸性染料染色，分散染料染色（染色借助分散剂），阳离子染料染色（含酸性基团腈纶的专用染料）**。天然染料染色是一种古老的染色方法，色彩有限，有的颜色的色牢度不高，但是由于健康环保、色彩古朴，近年来大为流行，**天然染料分为植物染料、动物染料、矿物染料**，以植物染为主。矿物染料是各种无机金属盐和金属氧化物，主要有棕红色、淡绿色、黄色、白色，经过粉碎、混拼后可得20多个色谱。动物染料是从动物躯体中提取的能使纤维和其他材料着色的有机物质，如从胭脂虫体内提取的红色染料等。植物染色又称“草木染”，可以染整布，也可以局部染色（图2-1-44）。常见的植物染料有：染红色系的红花、茜草、苏木等；染黄色系的栀子果、石榴皮、槐花蕊、姜黄、荩草等；染蓝色的蓝草（其根是板蓝根）等；染紫色的紫草（紫苏）等；染黑色的五倍子等。天然染料分子结构不同，染色方法主要有以下几种：直接染色法（如栀子、姜黄等）；媒染法（依靠媒染剂固色的染色法，媒染剂在今天通常是化学品，在古代多用石灰、明矾、醋等）；还原法（植物存在天然色素化合物，如蓝草）等。

图2-1-44　植物染料局部染色

（3）印花

将花纹或图案印到纺织品上的工序，称为印花。常见的印花方法有：蓝晒，蜡染，扎染，灰缬[1]、夹缬，丝网印，热转印数码印花等。

---

① 灰缬：广义的灰缬，可简单理解为一种用糊状物（俗称“灰药”）作为防染剂进行防染印花的工艺；狭义的灰缬指“蓝印花布”。“蓝印花布”在中国各个地方有自己独特的名字，山东称为“猫蹄花印”，福建称为“型染”，东北称为“麻花布”，湖北称为“豆花布”，江苏称为“药斑布”。

①适合单色或简单套色的印花方法

蓝晒法又叫铁氰酸盐印相法，最常用的叫法是蓝图晒印法，最早是由约翰·赫谢尔（John Herschel）爵士于1841年左右发现，许多铁化合物能够感光，因为它的化学成分和处理方法非常简单，并且有多方面的用途，从而受到人们的欢迎。这种基本的印相法能产生一种带有蓝色中间色调的白色影像和阴影部位。蓝晒法的基本步骤是：首先，制作一个白色底色的材料作为相纸；然后，将20%的柠檬酸铁铵溶液和1%的铁氰化钾溶液相溶合，制成蓝晒试剂，并将它均匀涂在之前准备的相纸上，放在暗处晾干备用；接着，选择自己喜欢的图形（比如一片树叶），平铺在相纸上，用透明胶固定，在阳光下照射约15分钟（也可选择紫外线；太阳灯等），揭去遮挡图形，并在清水中摇晃清洗片刻。这时候遮挡住的部分逐渐掉色，呈显出相纸白色的底色，遮挡物的轮廓清晰地保留在相纸上，以此方法来印出花型。（图2-1-45）

图2-1-45　蓝晒

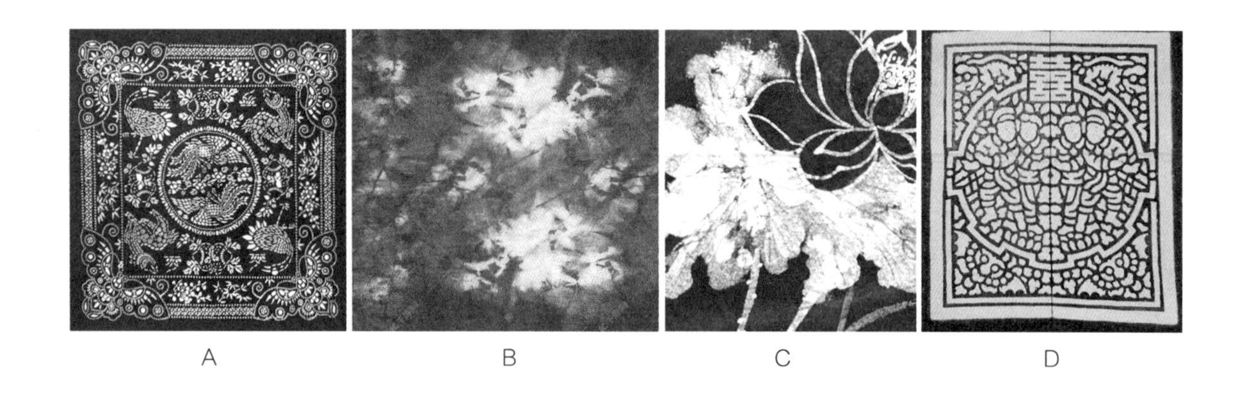

图2-1-46　印花方法
A蓝印花布印染技术，B扎染，C蜡染，D夹染。

与蓝晒法从外观上很相似的还有蓝印花布印染技术、蜡染、扎染、夹染等。蜡染，是我国民间传统纺织印染手工艺，古称**蜡缬**，与绞缬（扎染）、灰缬（镂空印花）、夹缬（夹染）并称为我国古代四大印花技艺。蜡染是用蜡刀蘸熔蜡绘画于布后以蓝靛浸染，然后去蜡，布面就呈现出蓝底白花或白底蓝花的多种图案，同时，在浸染中，作为防染剂的蜡有自然龟裂，使布面呈现特殊的"冰纹"。**蓝印花布**印染技术是灰缬的一种，首先用纸板雕刻，然后将纸板放在布上刮浆，浆从雕刻的镂空中间漏下去，之后进行染色，浆覆盖的地方染不上色而形成图案。这样染出的图案上会有浆干裂形成的自然冰纹，更具特色。**夹缬**是用两块木版，雕镂同样的图案花纹，夹帛而染。印染过后，解开木版，花纹相对，有左右匀整的效果。**扎染**是通过纱、线、绳等工具，对织物进行扎、缝、缚、缀、夹等多种形式组合后，进行染色，扎住的部分染不上色，形成各种随机的图案（图2-1-46）。

与蓝晒法原理相近的是**丝网印**。丝网印刷指用丝网作为版基，并通过感光制版方法，制成带有图文的丝网印版，然后利用丝网印版图文部分网孔可透过油墨、非图文部分网孔不能透过油墨的基本原理进行印刷。丝网印可以制作不同的色版，印出简单的套色印花，这一点要优于前几者的单色染色（图2-1-47）。

综上可知，蓝印花布印染技术和蜡染、扎染、夹缬都是先做好遮挡，再染色，染不上色的地方是图案，但是扎染图案是随机的，这一点有别于其他三者。蓝晒法和丝网印则是利用曝光显像的原理形成图案。

②适合复杂花型的印花方式

热转印是先将图案预先印在转印膜表面，然后将转印膜上的图案通过加热，转印到所需位置。印刷的图案层次丰富、色彩鲜艳、色差小、图案再现性好。热转印分为亿和热转印（适合大批量印刷）和数码热转印（适合量小，做特色的产品）。

数码印花是近年来市场上常用的印花方法，其过程是：首先，将使用各种数字化手段（如扫描、数字相片、图像或计算机）制作处理的各种数字化图案输入计算机。其次，通过电脑分色印花系统处理后，由专用的RIP软件通过喷印系统，将各种专用染料（活性、分散、酸性主涂料）直接喷印到各种织物或其他介质上。最后，经过处理加工后，在各种纺织面料上获得所需的各种高精度的印花产品（图2-1-48）。

（4）整理

常见的整理工艺有：**砂洗**（磨毛，磨绒），是用机械打磨的方法，使织物手感和色彩变柔和，牛仔面料常用（图2-1-49）。**水洗**，是利用洗涤物中的矿物质分子的磨损力打磨织物，丝绸和黏胶织物常用。**丝光**是一个收缩过程，碳酸钠冷溶液使织物的纤维横向膨胀、纵向收缩以达到光泽感。**起毛**是利用机械使纤维均匀挑出，让织物表面产生一层绒毛，增强保暖性。**植绒**是将短纤维植到印有黏合剂的织物上，有全部植绒和局部植绒。**涂层**是用天然油料或化学涂剂为织物表面增加审美性能或功能性能，如羽绒服面料。**烂花**是将化学物质渗透到织物的两种纤维之间，腐蚀其中一种，留下透明或半透明的花纹，常见于旗袍、连衣裙用料（图2-1-50）。

2.服装面料的功能设计

服装面料的功能设计，常见包括：**防**

图 2-1-47　丝网印

图2-1-48　数码印花服装

图2-1-49　砂洗牛仔效果

图2-1-50　烂花工艺

水、阻燃、防风、防污、抗静电、防紫外线、防割裂、免烫、抗菌、降低阻力、抗氧化、恒温、夜光等。

还有一些新型功能材料包括：**导电面料**（导电之后发光，导电之后机械变化等）（图2-1-51）、**变色面料**（感光变色面料、感温变色面料等）和**可降解面料**（水溶面料、可降解生物材料）（图2-1-52）等。

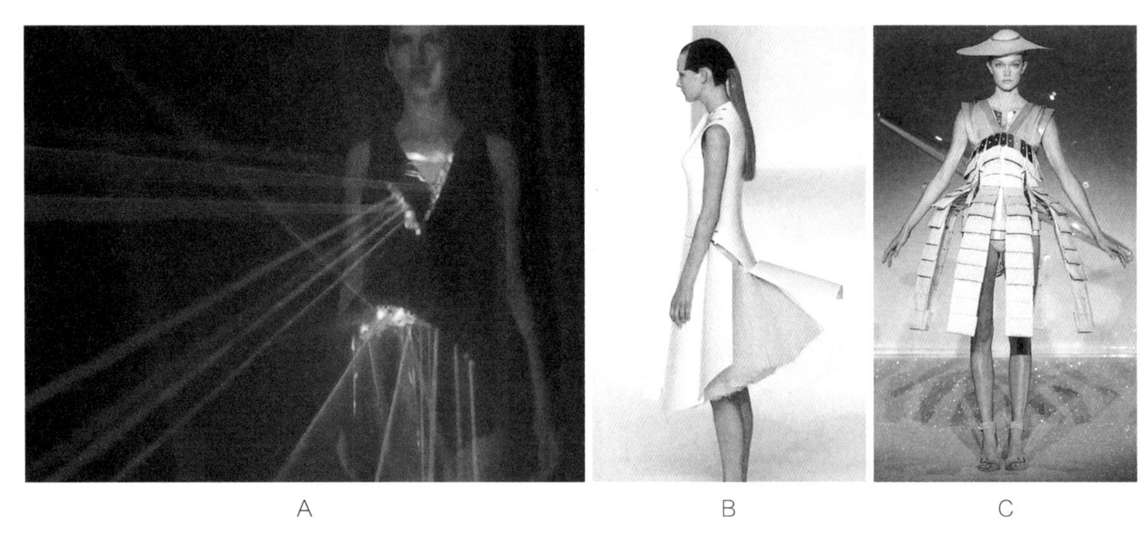

A　　B　　C

图2-1-51　导电面料

A是导电面料用于发光，B、C是导电面料用于机械运动。

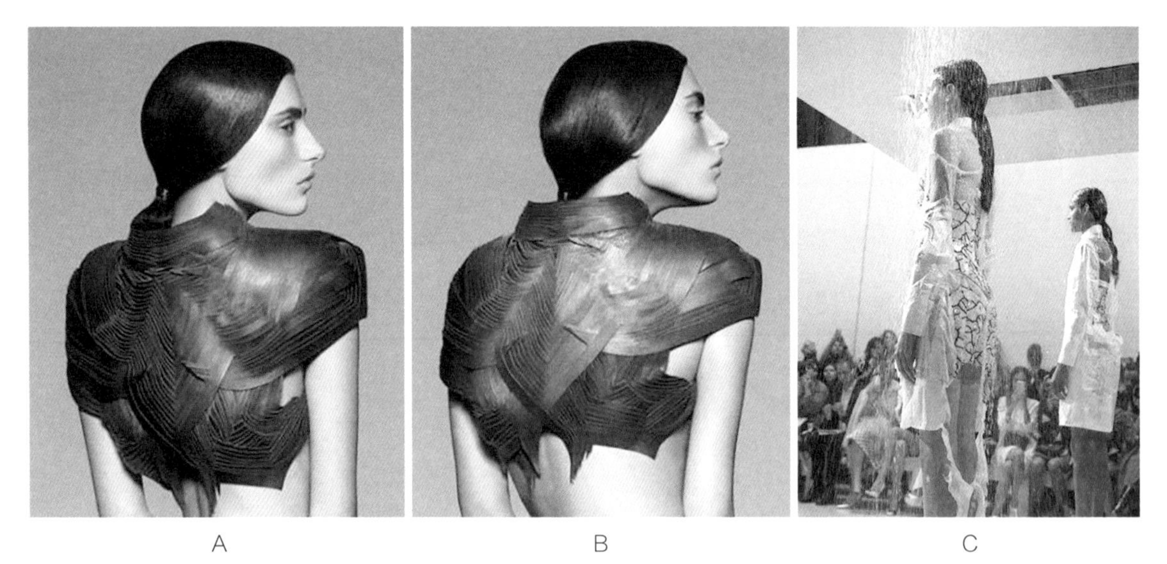

A　　B　　C

图2-1-52　A、B是感温变色面料，C是水溶面料

3.服装面料再造设计

我们在进行服装设计时，常常觉得很难在市场上找到特别适合的面料，这就需要我们进行面料再造。所谓**面料再造**就是将原有的面料进行二次加工，以适合设计的需要。面料再造不仅有利于更好地表现服装，而且再造的过程本身也是服装设计过程的一部分。

（1）面料肌理再造设计

肌理再造设计是通过改变或丰富面料本身的质感，使之表面产生新肌理的设计。肌理再造设计有的用于整块面料，有的用于局部，再造后的面料与平整面料形成对比。常用手法包括**本料再处理**和**纤维处理**两大类。

①本料再处理是通过**皱褶**、**折裥**、**纵**、**抽缩**、**凹凸**、**堆积**、**拼接**等来产生浮雕和立体感（图2-1-53）。

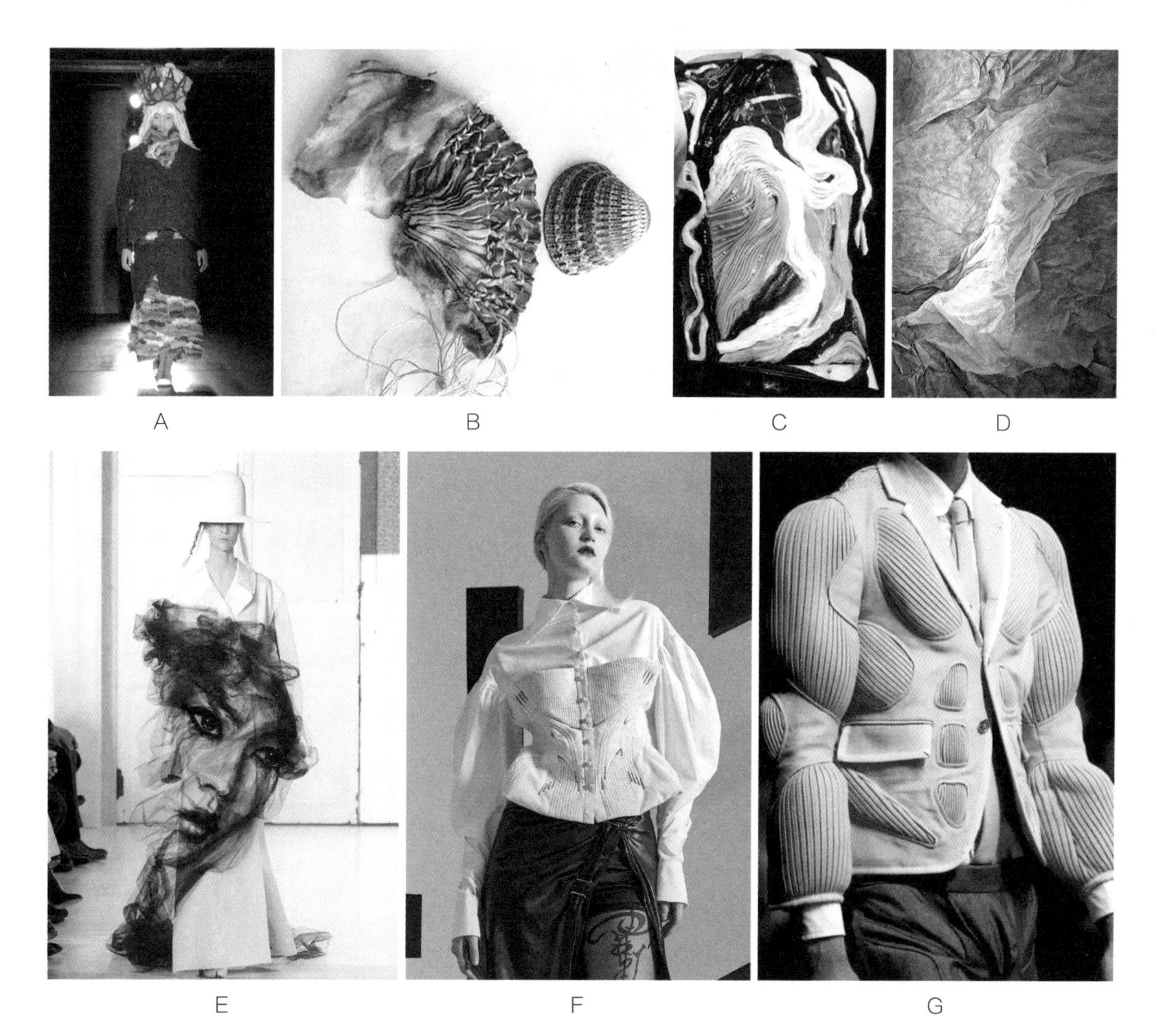

图2-1-53
A拼接，B抽缩，C堆叠，D皱褶，E堆纱，F~G绗缝。绗缝是缝制有夹层的纺织物，使里面的棉絮等填充物固定。

②常见的纤维处理手法有：**钩编手法、皮雕、毡化**等。

面料的钩编再造设计是用不同纤维的线、绳、带、花边，通过编织、钩织或编结等手段，形成疏密、宽窄、连续、平滑、凹凸、组合等变化，直接获得一种肌理对比的美感。钩编设计主要在**编织材料、编织方式、编织器材**三个方面进行设计（图2-1-54、图2-1-55）。**皮雕**是以皮革为雕刻材料分类的一种雕刻工艺，一般选用质地细密坚韧、不易变形的天然皮革进行创作，也有部分人造皮革（图2-1-56）。**毡化**是对羊毛的一种处

图2-1-54 钩编处理（一）

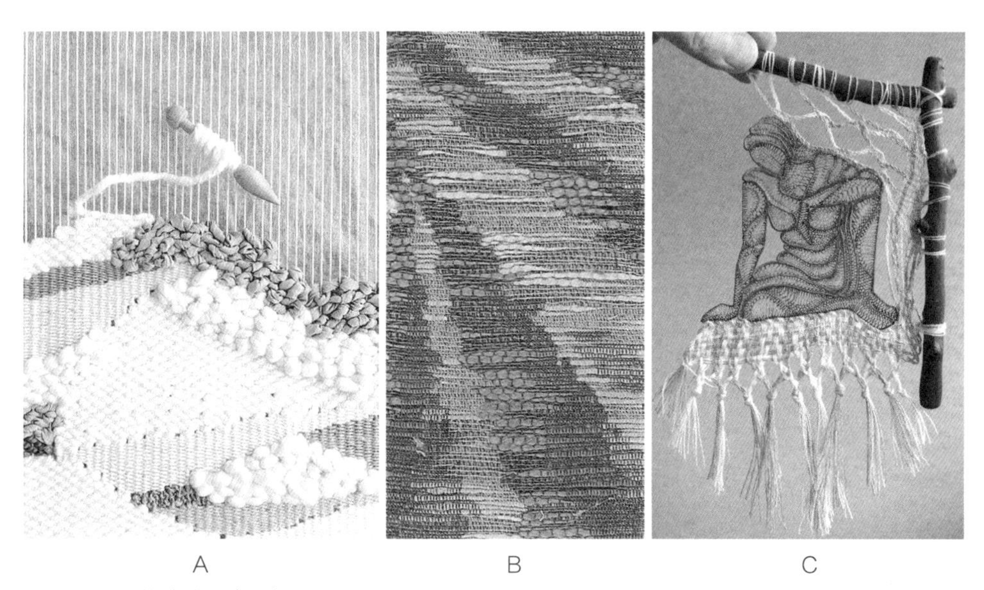

A　　B　　C

图2-1-55　钩编处理（二）

A编织是借鉴了传统缂丝的织造方法，经过简化和夸张化处理而设计的。

（缂丝：又称“刻丝”，是中国传统丝绸艺术中的一种织造方法。这是一种挑经显纬的方法，形成花纹边界，俗称“通经断纬”。缂丝作品具有犹如雕琢缕刻的效果，且富双面立体感，常与刺绣搭配，用以描摹生动的形象、复刻文人字画等，是精品中的精品。缂丝速度很慢，常有“一寸缂丝一寸金”的说法，古时多用于帝后服装）。

A　　B

图2-1-56　皮雕处理

A具象形态皮雕，B抽象肌理形态皮雕。

A

B

图2-1-57 毡化

A是用羊毛和其他面料进行的毡化，B是先用有印花的纱和羊毛进行毡化，然后再用针毡进行细节处理。

理手法，分为**针毡**和**湿毡**。针毡是利用羊毛的纤维特点，用针戳羊毛，一边戳一边捋出想要的形状，直到羊毛完全毡化，与底料融为一体，再放到碱性水中使纤维紧致不再变形，针毡适合处理明确形状和立体造型。湿毡是先将羊毛平铺，覆盖网布，用肥皂水打湿、揉搓，使之毡化成型的一种方法，也可以将羊毛裹在某种模型外部，用纱布罩住，放在肥皂水中揉搓，直到定型（图2-1-57）。

（2）印染再造设计：利用光、空气氧化和染料等手段对现有面料进行二次印染处理。印染再造是在不增加其他面料和不减少面料的基础上改变面料效果的最常见手段（图2-1-58）。

（3）面料的增型设计：在现有面料上通过贴、缝、挂、吊、粘合、热压等方法，形成立体的具有特殊新鲜感与美感的设计效果，如：珠片、羽毛、花边、贴花、刺绣、明线、透叠等多种材料（图2-1-59~图2-1-61）。

（4）面料的减型设计：破坏成品或半成品的表面，使其具有不完整性、无规律或破烂感等特征，如：抽丝、镂空、烧花、烂花、撕、剪切、破、磨洗（图2-1-62）。

4.服装材质设计方法

（1）把握材料性能

依前文所述，服装涉及的材料千差万别，加之二次处理，材料变得更为多样。因此服装材料的运用，在掌握基本知识之余，主要

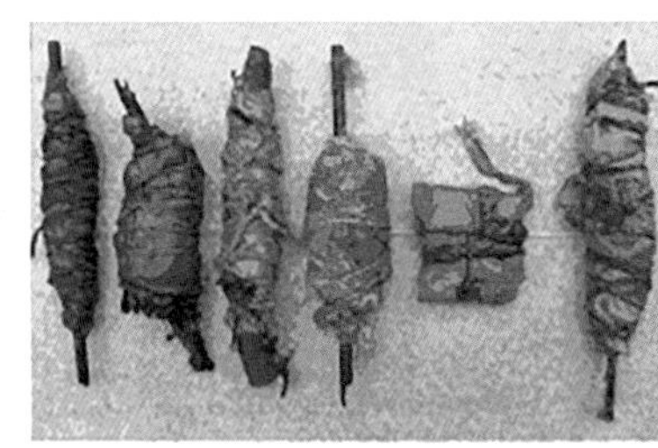

A

B

图2-1-58 印染再造

A铁锈染，B局部二次染色。

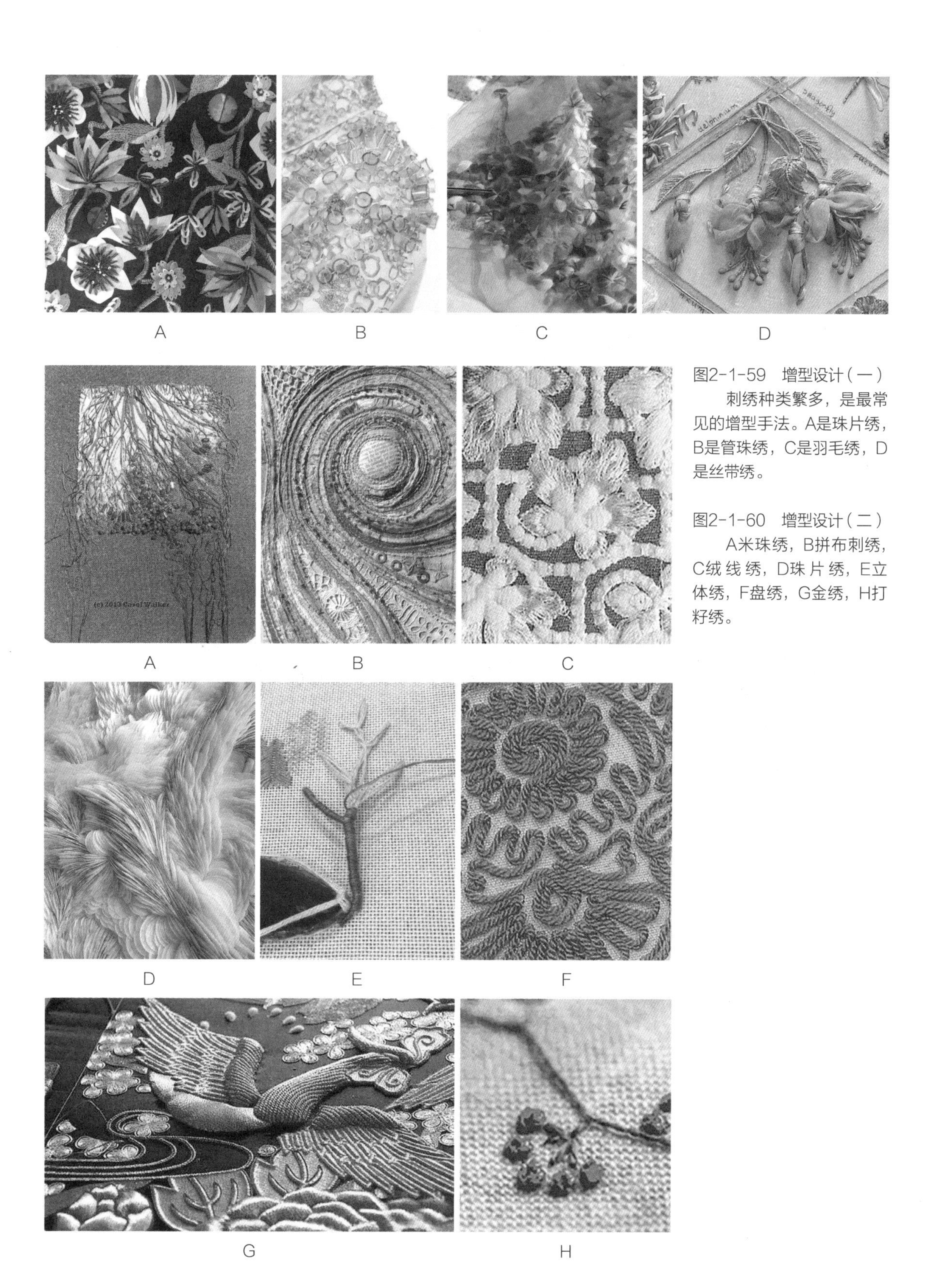

图2-1-59　增型设计（一）
　　刺绣种类繁多，是最常见的增型手法。A是珠片绣，B是管珠绣，C是羽毛绣，D是丝带绣。

图2-1-60　增型设计（二）
　　A米珠绣，B拼布刺绣，C绒线绣，D珠片绣，E立体绣，F盘绣，G金绣，H打籽绣。

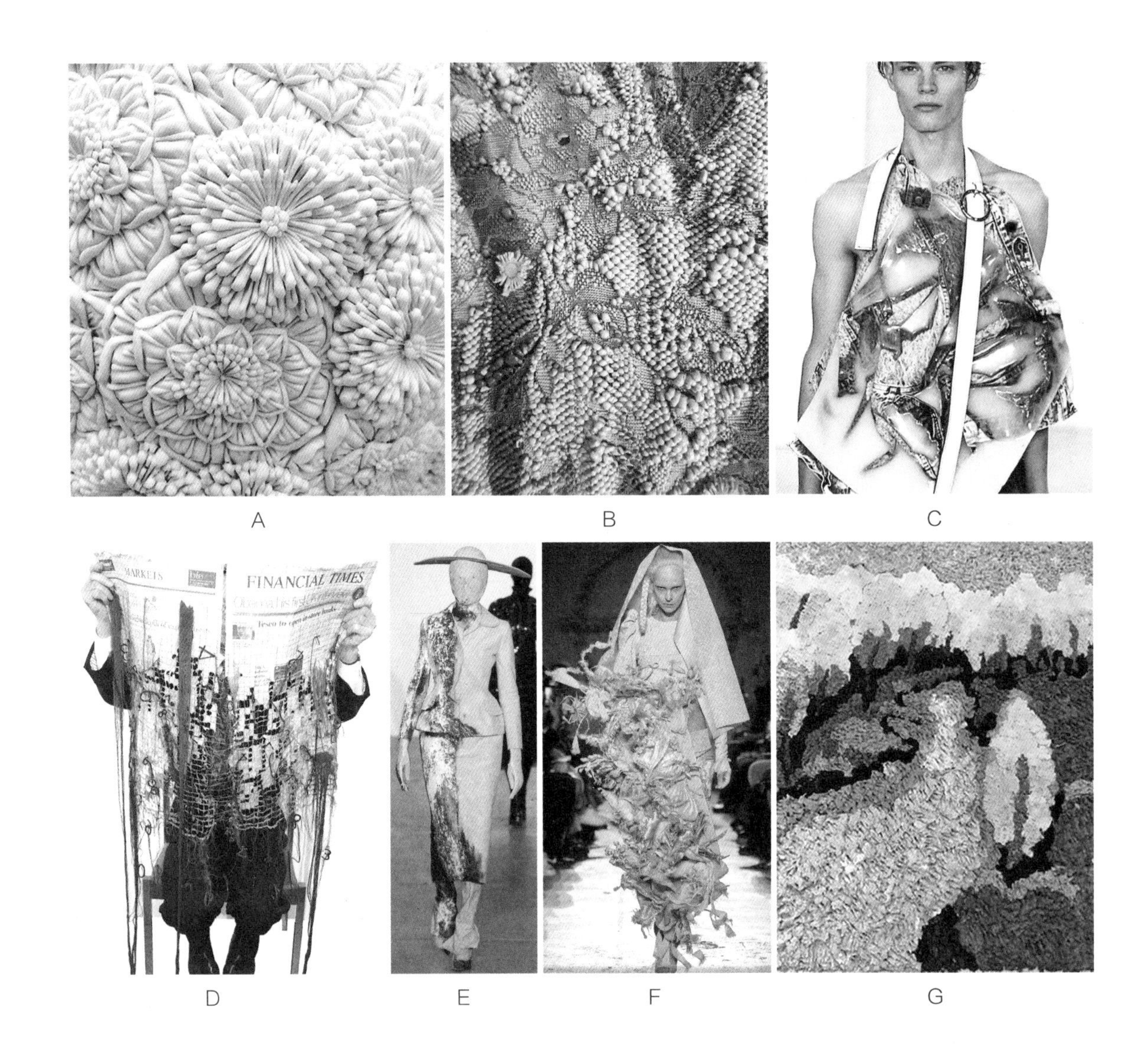

图2-1-61　增型设计（三）
A超轻黏土，B发泡胶，C硅胶涂料，D线装饰，E塑型膏，F创新造花工艺，G纸浆工艺。

依赖于面料应用的感受与经验。初学者对材料应用的学习，需要从审美和功能两个角度把握。常见审美角度包括：外观风格（色彩、质感、光泽、透明度等），手感（软硬、垂度、亲肤度等）。常见功能包括：回弹性、吸湿度、保暖性、抗皱性、抗静电等。

（2）根据服装设计的表达进行设计。我们要明确，服装面料再造是为了使面料更好地诠释服装风格、理念，如果为了要“再造”而强行“再造”，就因噎废食了。当我们想要达到某种风格但是没有具体想法时，可以**借助中间型过渡设计**。所谓**中间型**指符合服装风格需要的图片和能够联想到的具体造型等，我们可以分别从色彩、形态、肌理等方面进行设计，再对应寻找适合的“再造”手法实现（图2-1-63）。

图2-1-62　减型设计

A破，B抽纱，C刺绣后破（先增后减），D、E、F均为烧/烂，G破加抽丝，H镂空。

图2-1-63 面料再造设计示例

（3）结合生产成本和产品定位

作为产品，服装除了要考虑本身的风格、功能，还有一个重要的流通需求，就是产品价格。产品材质的选择必须考虑目标消费者的接受能力及与产品定位是否匹配。过于低廉的材质会影响品牌形象，而过高价格的材料会挤压产品利润空间，造成品牌的经济损失。

（4）服装材质搭配

服装材质设计除了解应用好现有材料，学会设计处理面料再造，能够控制材质造价并配合设计定位，还有一个重要的方面就是材质间的相互搭配，再好的面料搭配了不适合它的面料或辅料，也会瞬间破坏其美感。

练习（三）面料改造训练

选择一个主题例如：自然主题——风/海；情绪主题——爱/束缚；知觉主题——温暖/坚硬，等。可以使用任何材料、任何手法，目的是达到主题性。如果可以的话，再为你创作的面料设计一系列服装款式。

四、服装制作

除了前面讲的服装设计构成要素——造型、色彩、材料，我们要完成服装还需要借助制作。服装的制作大致经过制版—裁剪—缝制三个过程。通常，初学者会将制作的价值，理解为对服装设计图的完成度。而事实上，制作过程本身也是设计的一部分，与服装设计图是否相似，并不是制作成功的唯一标准，甚至很多设计师是在制作中进行设计的，并没有设计图。

服装制作设计分为：**结构设计**和**工艺设计**两个大的方向。

（一）服装的结构设计

在服装设计行业中，通常把服装的轮廓及形态、部件的构成合称为服装“结构”。服装结构设计是服装从抽象到具象，从二维转为三维的重要步骤，直接决定了服装形态与功能是否得到很好的实现，也为品牌建立风格、区分档次起到重要作用。

1.服装结构设计的基本形式

服装结构设计的基本形式有**平面裁剪**和**立体裁剪**两种形式。

（1）平面裁剪

平面裁剪是先按照一定的纸样设计方法，在纸上画出衣服1：1的裁片，然后用纸样覆盖在面料上，放出一定的缝合所需的余量进行裁剪，再进行缝制。**平面裁剪是一种从三维设计（服装款式效果）再到二维设计（服装纸样效果）再到三维成衣（假缝—立体检验—补正）的思考过程，其形式更倾向于服装风格把握和含蓄内向的设计控制。**平面裁剪历史悠久，种类很多，我们介绍两种常见分类方法。

①根据结构制图中有无过渡媒介分类

平面裁剪根据结构制图中有无过渡媒介可分为：**直接构成法**和**间接构成法。**

A. **直接构成法**是直接根据服装款式制版，分为：**比例制图**和**实寸法。比例制图**是通过经验获得一些服装款式的制版方法以及制版所需的人体部位尺寸，再依据不同人体和具体款式的变化，利用经验和一定的数学公式进行尺寸修改，将获得的新尺寸，直接定寸裁剪出服装款式的制版方式。这是中国传统制图中应用时间最长的制图法，今天很多工厂的制版师傅和工作室裁缝还在使用，可以通过纸样，也可以直接绘制在面料上。其优点是制版速度快，且经过反复应用而成为比较成熟的版型，缺点是不利于非常规的款式变化。**实寸法**是以所需部位的实际测量尺寸作为制版依据，按照经验和公式，直接绘制服装纸样的方法。这种方法多应用在有目标客户的定制类服装制版中，或者借鉴已有的服装成品，将其拆分，重新恢复成平面状态，然后用纸样记录下来，这种情况在市场中称为“扒版”。“扒版”用于学习研究是可以的，但是原模原样地用于商业生产，和当作自己的作品发布，就是抄袭行为，为行业不耻，并且很可能会遭到原作者的抗议，并被追究法律责任。

课外知识——服装抄袭与知识产权保护

随着时尚产业的成熟发展，设计师和品牌越来越注重对自己的知识产权进行保护。与服饰品行业最密切的专利类型是外观专利申请。

外观专利申报步骤：

1. 检索专利
2. 确定专利类型（发明、实用、外观）——外观
3. 撰写专利书（包含：01.说明书；02.权利要求书；03.说明书附图；04.说明书摘要；05.摘要附图）
4. 递交国家专利局（下发专利号受理书）
5. 等待国家专利局审批（有问题通知补正，补正不合格和有涉嫌抄袭他人设计则最终驳回；无问题4~6个月获得专利书），缴费。

作为设计师和品牌方，应着力自主创新，并建立自我保护意识，应以抄袭为耻。但同时，设计师和品牌方也不应该过分敏锐，应把注意力放在自我革新上，而不是通过所谓“维权”获得关注度。

B. **间接构成法**是通过一个中间版，根据一定的数学公式，改出具体服装款式需要的版型，**分为原型法和基型法。原型法**是目前服装行业最广泛应用的方法，不同地区有不同的原型[①]。中国目前最常见的原型包括：日本原型（文化原型，登丽美原型等），中国标准原型（北京服装学院刘瑞璞团队设计），东华原型（东华大学团队研制）等。**基型法**和原型法原理很像，或者说就是原型法的升级版。“基型”即“基础型”，是把服装款式中最常见的几种类型（衬衫、西装、大衣、夹克、羽绒服、连衣裙、半裙、裤子、裙裤等）的经典版作为基础形态，在实际款式制版时，不再从原型开始，而是从已经成型的这些基本型开始变化，这样更便捷，版型也更成熟，但如果是非常规款式的制版就不适用了。

---

① 不同原型特点分析：文化原型影响范围最广，院校和市场都认可，逻辑清楚，原型种类丰富，也相对更成熟。登丽美式原型市场中应用多一些。中国标准原型，更适合中国人体体型，逻辑严谨，适合学习，因此北方院校更多用。东华原型是这几种原型中市场使用较少的，它在关键部位用角度代替长度的原型，其理论源头更明确，某些公式和关系更具严谨性，但是角度丈量比尺度丈量更易有误差，因此初学者用得少。

②根据制图原理分类

平面裁剪根据制图原理可分为：比例法和短寸法。

A.**比例法**：先选定人体的某些部位作为基准部位，以经验和数学的方法将服装制版中所需要的尺寸数据，归纳为一些包含基准部位尺寸的比例公式，然后用这些比例乘以基准部位尺寸，再加减一个调整数，用求得的数据进行制版。比如：比例制图（中国）、原型法、基型法等。

B.**短寸法**：是通过直接获得制版所需的人体部位数据，然后根据款式制版。比如：实寸法。

（2）立体裁剪

立体裁剪是直接用坯布在人体模型（或人体）上塑造服装造型，再将裁剪好的半成品服装，从人体模型上取下来，还原成平面纸样，最后用纸样裁剪正式的面料，缝制成衣。**立体裁剪的过程是一个从三维到二维再到三维的过程，往往款式设计的过程也是结构设计的过程。**立体剪裁的**造型手法多样，如抽褶法、垂褶法、波浪法、堆积法、编织法、绣缀法、缠绕法、旋转法**等。形成的**基本造型**有：**披挂造型、折叠造型、穿插造型、分割造型填撑造型**等（图2-1-64）。在实际应用中，可以单独使用，也可以组合使用。**立体裁剪更有利于展示服装的空间体量及创新突破。**

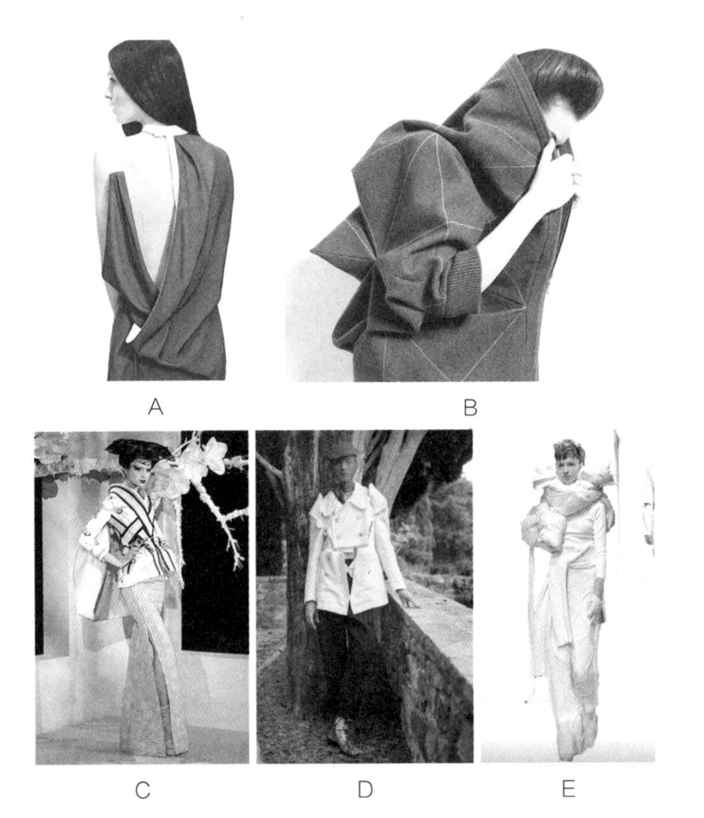

图2-1-64　立体裁剪基本造型

A披挂造型，B折叠造型，C穿插造型，D分割造型，E填撑造型。

图2-1-65 巴布瑞堑壕风衣三种版型对比
A切尔西版型，B肯辛顿版型，C威斯敏斯特版型。

2.服装结构的设计角度

服装结构的设计角度**大致分为：制版设计，无结构设计，局部结构设计。**

（1）制版设计

制版设计是一种正向思维模式下的结构设计，主要包含以下两种设计思路。

①以人体为标准，研究服装与人体空间关系的制版

常规服装的结构设计大多是以服装和人体的空间关系作为主要设计点，借此展现人体美，体现服装风格的差别，达到服装功能需求。

以风衣为例：巴布瑞（Burberry）的风衣有多个系列，其中堑壕外套（因产生于第一次世界大战期间而得名）是最为经典的款式，**巴布瑞的堑壕风衣分为三种剪裁方式：修身剪裁、经典剪裁和休闲剪裁。修身剪裁的典型为切尔西版型**，主要的特点是版型修身，窄肩收腰，一般束带穿着更显身材。**经典剪裁的典型是肯辛顿版型，**版型有一定的廓形感，但看起来跟修身剪裁相差不大。它的剪裁线条更流畅，加大了雨挡，抬高领台的高度以及收窄腰线，比例更时尚，风格更帅气。**休闲剪裁的典型是威斯敏斯特版型，**用料是较为轻薄的嘎巴甸面料，这样的面料做出来的风衣廓形柔软流畅，用宽松的版型打造出休闲的风格（图2-1-65）。

②以人体为依托，将结构寓于创意设计之中的制版

这种创作思路大多应用在创意立体裁剪中，不在于表现人体曲线，而是在结构设计中获得造型的创新与突破（图2-1-66）。

（2）无结构设计

服装中的“无结构”设计是对应西方立体分片式的“结构设计”而言的，指没有常规服装结构和裁剪的服装形式，包括：包缠、披挂、系扎（如：

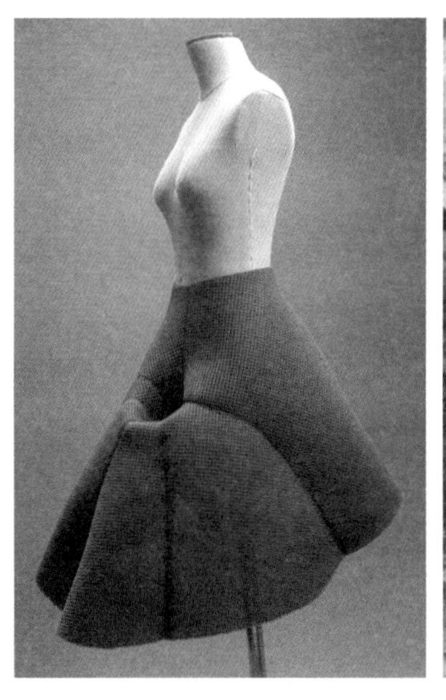

图2-1-66　中道友子（日本）的创意立体裁剪作品

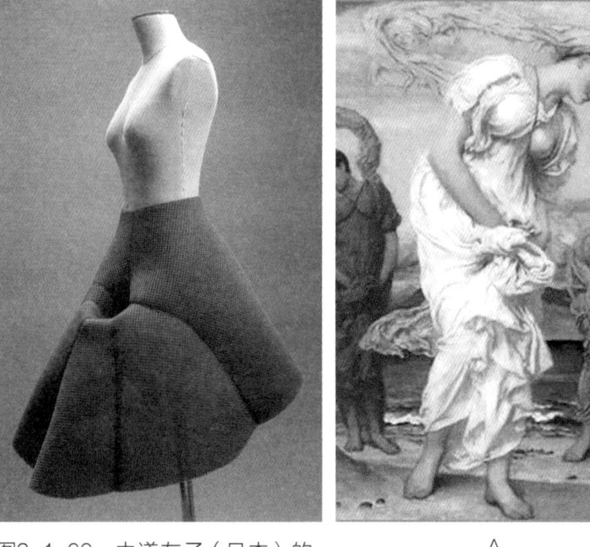

A

B

图2-1-67　A为爱奥尼亚式希顿，B为一片衣

希腊时期的希顿）、一片衣（如：贯头衣）等方式（图2-1-67）。

（3）局部结构设计

服装结构设计除了前面提到的整体结构设计，还有局部结构设计，这种设计通常指向风格塑造或者增加视觉点，比如：分割线设计、袖子结构设计等。

练习（四）创意结构——折纸灵感训练

要求：以折纸为灵感，进行创意结构的服装设计。

灵感分析：折纸又称“工艺折纸”，是一种以纸张折成各种不同形状的艺术活动。

折纸的历史：关于折纸的起源，有中国起源说、日本起源说、西班牙起源说，但至今无从考证。中国早在西汉时期就出现了以大麻和少量苎麻纤维制造的纸张，但是质量不高，产量也低，并不适合折，大多用于祭祀。后来中国出现纸艺术，多为平面、具象，并发展为折纸和剪纸。而日本直到公元610年才由朝鲜僧人昙征将造纸术献于当时摄政的圣德太子，多用于制作模型，后期变为常用的廉价祭祀产品。所以更多人相信，折纸起源于中国，盛行于日本。公元7世纪，阿拉伯人将几何概念引入折纸，这是折纸与数学结合的开始。

公元8世纪，摩尔人进入欧洲并带入折纸，西班牙人将折纸发展为国家文化一部分。

折纸的基本动作：翻、转、折叠、拉、挤、插等。折纸的创新通常通过基本型的叠加、分解，改良进行。

分析体会：折纸既是一种具体活动，也是一项思维活动。

设计应用分析：作为一种手工艺，应用于服装设计中主要有三个方向——空间形态设计，创新结构设计，风格塑造设计，审美应用设计（分为表皮形态设计、增型装饰设计）（图 练习4-1）。

图 练习4-1 折纸服装应用示例

A、B结构创意，C风格塑造，D装饰作用，E空间形态，F表皮形态。

设计步骤：第一步，先用纸折叠出各种形态（以非具象性为佳），用照片记录。

第二步，选择其中一些形态，进行设计，设计中可以部分使用或整体使用，或叠加使用。

第三步，调整设计，使元素更自然贴合，综合考虑色彩、材质，使风格更加明确。

设计评价：1.可以补充其他途径获得的折纸形态，但是鼓励用自己折叠的形态进行设计。

2.鼓励能够用多种形态进行设计。

3.鼓励设计风格、设计元素的创新应用及完美融合（图 练习4-2）。

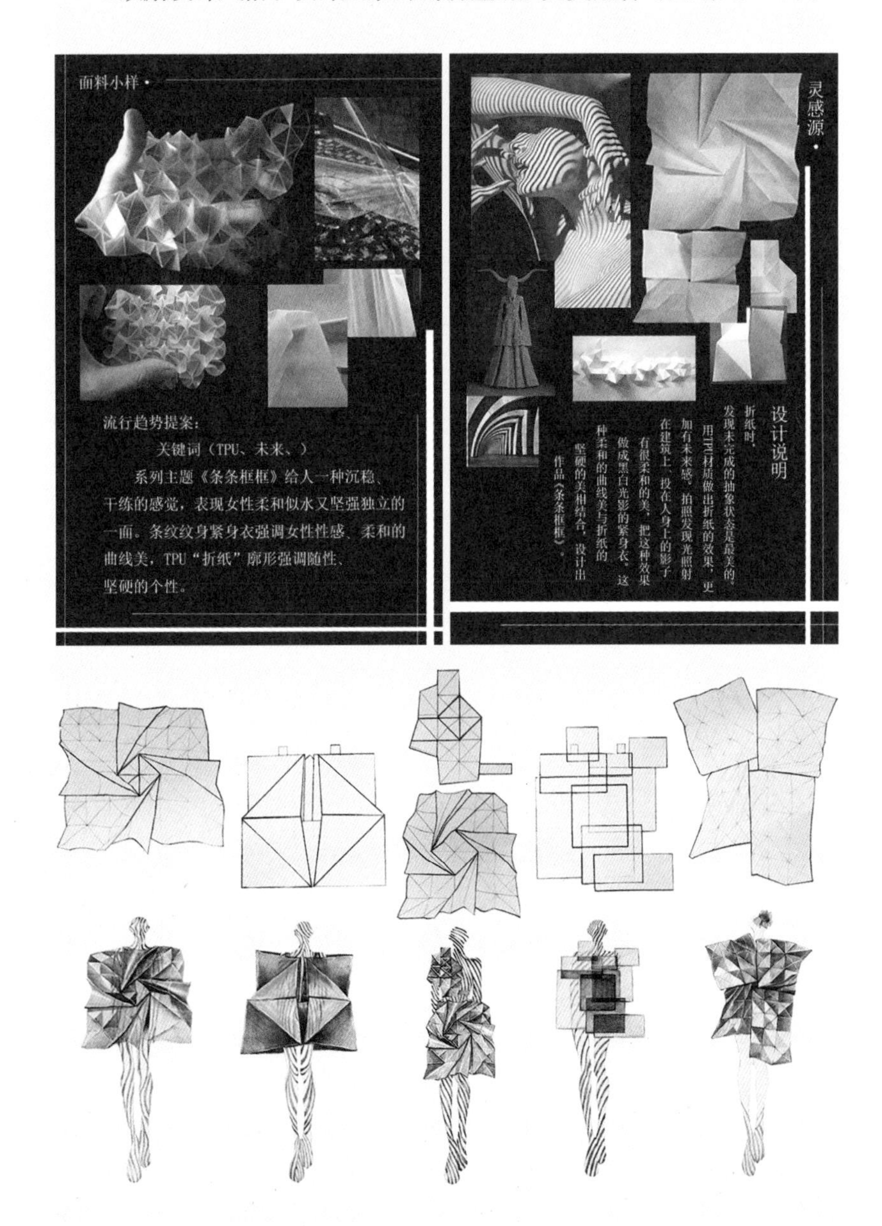

图　练习4-2　学生作业案例——程薇作品（天津美术学院服装系二年级作品）

（二）服装工艺设计

工艺最初的含义是指在艺术创作中使用的一系列处理方法。在服装中，工艺指为服装生产而采用的技术措施。服装工艺设计包括：量体、规格尺寸、工艺手段设计（比如：包边、缝制、整理等）、工艺流程设计、面辅料排料设计、面辅料成本核算等。

1.女装号型

女装号型是随着服装产业的需要而出现的，中国应用的号型系统叫作中国国家标准，简写GB。日本应用的号型系统叫作日本工业规格，简写为JIS，也是行业内应用比较广泛的一种号型方法。

号型中“号”指长度，以身高为代表；“型”指围度，一般以胸围为代表。常见服装的号型由三个部分组成：围度、胸腰差（型）、长度（身高）。例如：94 A 6，“94”是胸围（实录），“A”是胸腰差量（码），“6”是号（身高）。码的变化表现为胸腰差从大到小的变化，大致分为：Y（差量16厘米），YA（差量14厘米），A（差量12厘米），AB（差量10厘米），B（差量8厘米），BE（差量4厘米），E（无差量）。其中Y、A、B、E是常用主体码，YA、AB、BE是间体码。码数推档的原则：从Y到B，档差为2厘米。从B到E，档差为4厘米。“号”指身高：“1”号为身高150厘米，“2”号155厘米，以此类推，档差为5厘米。胸围是实录尺寸，档差为4厘米。不同产品规格号型的应用也会有差别，例如衬衣看领，裤看腰。

2.工艺设计的原则

（1）工艺设计必须有利于表达服装风格

不同工艺对于服装会有不同的风格影响，以面料的毛边处理为例：普通包缝、折边，有利于体现精致细腻；装饰性锁边，有精致美感；毛边有利于体现舒适休闲；滚边有利于突出线条，大多有硬朗感；用封边油封边，可以降低边的厚度，利于特殊造型；浆化，可以使边变硬，有利于强化廓形；激光刻镂，可以使图案处理与边缘处理同时进行，极具装饰性；烧边，可以突显风格性，带有破坏性装饰感，等等（图2-1-68）。

（2）解决工艺与结构的关系

服装工艺设计建立在认真分析服装结构的基础之上，很多结构是必须依赖于工艺的配合才能达到的，而结构的调整也直接影响工艺的设计程序

图 2-1-68　几种不同毛边处理手法对比

及手段选择。

（3）工艺设计必须重视与面料的关联性

在进行工艺设计时，必须考虑面辅料的特性以及相互间的搭配和协调。

（4）工艺设计必须适应生产需要和行业的发展需要

工艺设计要积极更新技术，以提高生产力，同时又要合理筛选工艺，以适应产品定位。在生产中，我们还要重视工艺流程设计，只有合理的流程，才能使好的工艺得到有效的发挥。

五、服装图案设计

图案是对某种物象形态，经过概括提取，使之具有艺术性和装饰性的组织形式。广义上的“图案”，指装饰造型的“设计方案”，近似于我们说的“设计”。尤其是在中国早期的工艺设计阶段，几乎图案设计可以涵盖我们今天谈的所有“设计”范围。后来，随着“图案”概念范围的缩小，现在的图案，尤其是在服饰中所谈的图案，狭义上近似于“纹样”，只是复合了工艺、色彩等多重装饰元素之后，显示出的一种综合概念。图案设计是服装设计中的重要设计手段，很多服装企业都有专门的图案设计师岗位。

（一）图案设计分类

1.图案从形态上分为：**具象图案**和**抽象图案**（图2-1-69）。

具象图案是以具体形象为基础的图案设计，分为写实和变形两种处理方式，其内容上包括：植物、动物、风景建筑、人物、文字等。

抽象图案是具有抽象[①]特点的图案，其内容上分为理性抽象图案和感性抽象图案。理性抽象图案主要包括：几何图案和有机图案。感性抽象图案主要包含：无序图案、自由抽象等。抽象图案以强调理念和形式为目的，而不以再现具体形象为目的。

2.图案从维度上分为：**二维图案**和**三维图案**

服饰图案有平面也有立体的，面料上的印花图案就是二维平面的，肌理图案和立体装饰图案都是三维立体的（图2-1-70）。

图2-1-69　上图为具象（人物）图案；下图为抽象图案

① 抽象是从众多的事物中抽取出共同的、本质性的特征，而舍弃其非本质的特征的过程。具体地说，抽象就是人们在实践的基础上，对于丰富的感性材料通过去粗取精、去伪存真、由此及彼、由表及里的加工制作，形成概念、判断、推理等思维形式，以反映事物的本质和规律的方法。来源：冯回祥.思维方法与数学教学 思维方法在小学数学教学中的应用[M].武汉：华中科技大学出版社，2018：100.

图2-1-70 服装图案设计1
A平面图案，B半立体图案（蕾丝有一定厚度），C立体图案。

3.图案从构成数量上**有单独图案和组合图案**。单独图案是图案组织的最基本的单位，组合图案是多个单独图案依照各种形式进行组合而形成的图案（可以是同一个单独图案重复，也可以是不同单独图案的组合）（图2-1-71）。

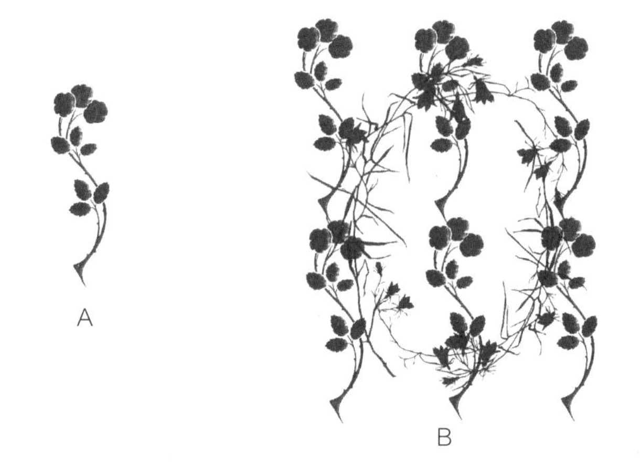

图2-1-71 服装图案设计2
A单独图案，B组合图案。

图案的构成形式有：**独立纹样形式，连续纹样形式，群合纹样形式。**

独立纹样形式是独立并具有完整性的图案形式，可以是一个单独图案，也可以是多个单独图案在一定范围内的组合图案。独立纹样形式包括：**自由纹样形式，适合纹样形式。**自由纹样形式是在不受外部轮廓限制的前提下，随意地组成造型形态的纹样形式。适合纹样形式是组织在一定外形范围内并与之相适应的独立完整图案。适合纹样又分为形体适合纹样、边缘适合纹样、角隅适合纹样（图2-1-72）。**自由纹样和适合纹样之间最大的差别在于是否有明确的外围轮廓感，适合纹样即使没有外框，图案也能明确地呈现边框形态**（图2-1-73）。

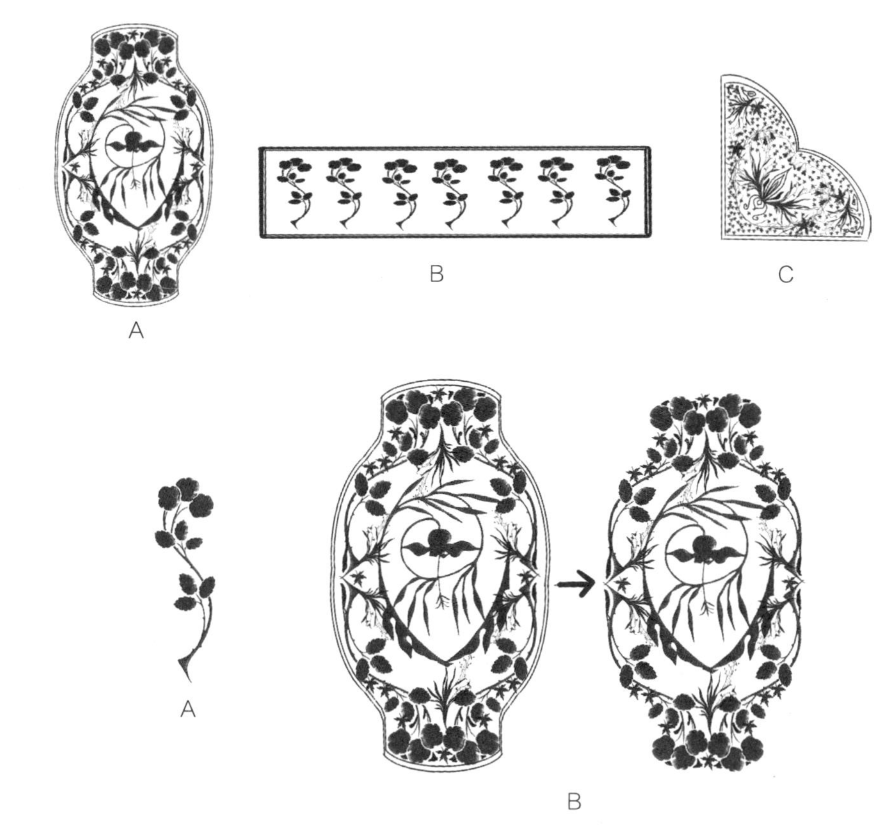

图2-1-72　图案的构成形式
A形体适合纹样，B边缘适合纹样，C角隅适合纹样。

图2-1-73　独立纹样两种形式对比图
A自由纹样形式，B适合纹样形式（有框和去框）。

连续纹样是由一个或几个基本纹样组成的有规则的重复排列图案。**连续纹样的形式是一种典型的纹样构成骨架形态**，具体包括：**二方连续，四方连续**。二方连续是运用一个或一组纹样，进行上下或左右的有规律的反复连续排列，可以无限延展。二方连续图案具有“线性”特征，常常出现在服装的各种部件的边上。四方连续是以一个单位纹样向上、下、左、右进行有规律的反复排列，并可以无限扩展，四方连续图案成“面”状。在服装中最常见的是面料上满铺的重复图案（图2-1-74）。

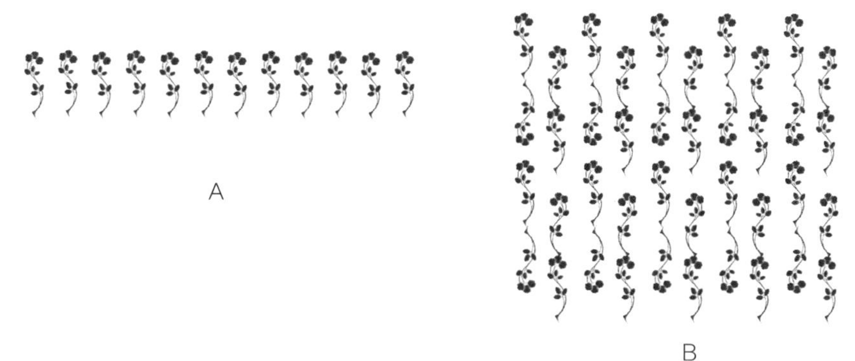

图2-1-74　连续纹样形式
A二方连续，B四方连续。

群合式纹样形式是由许多单独图案无规律组成图案的形式，最大的特点是自由、多变。基本的构成方法包括：叠加，减型，解构等。在历史上，印花技术有限的时候，大多数印染方式需要面积不大的单独花型，或者单独花型重复排列达到大面积的图案。因此，适于独立纹样和连续纹样。随着数码印花等新型印花技术的发展及服装风格流行变化，加之人体的影响和服装款式的需要，很多图案都不是传统图案的规范形式。群合式纹样在今天逐渐成为服装图案中的重要形式（图2-1-75）。

图2-1-75　叠加群合图案（左），减型群合图案（中），解构群合图案（右）

（二）服装图案设计应用

1.服装图案的创作手法

（1）写实

写实图案是根据自然形态，比较贴近地再现设计的图案创作，分为：绝对写实和相对写实。绝对写实，是基本再现自然形态，通常使用摄影图片或者类似于绘画描摹。相对写实，不是绝对再现，而是经过一定的艺术加工（例如：简化、取舍等）的写实图案（图2-1-76）。

（2）变化

变化是最多见的图案创作手法，包含：夸张变化、局部应用、局部变形、色彩变化等。夸张变化指将原有参考形态的自身特点或根据服装需要而进行夸张，达到突出设计的目的。局部应用，是将完整图案的一部分应用在服装中。局部变化是将原有形态的一部分进行变化再应用（图2-1-77）。

（3）象征

有些图案是带有一定符号性特点的，可以引发人们的共情和记忆，带有明显的象征性。合理有效地应用象征图案，可以更好地使人体会设计师的意图，但是不慎，就会引起不适当的联想，因此，象征性图案的应

A　　B

图2-1-76　写实图案

A绝对写实，B相对写实。

图2-1-77　图案变化应用

用应慎重。例如：文字、标志、历史象征、事件象征、民族图腾、崇拜象征等。

2.图案设计流程

服装图案设计的依据往往要符合服装风格需要，还要充分考虑服装造型、材料、工艺、产品定位、消费者习惯等。开始图案设计，具体需要大致以下几个基本步骤。

（1）选择适合的灵感图案。

（2）进行图案处理。

通常的创作手法在前文已经讲过，还可以用一些辅助工具进行设计，比如：电脑软件、特定的比例等。以黄金比例为例，首先手绘一个单独图案，然后扫描进电脑备用，再应用黄金矩形（可查阅本书第一章、第二节、第二大点、第七小点“比例”中的“黄金矩形”部分）制作出大大小小的圆形框备用，最后，用这些自制的带有黄金比例关系的圆形去整理之前扫描的手绘图案，使图案更加规整，具有黄金分割的视觉比例（图2-1-78）。

（3）把图案放在服装上，进行适应性设计。

（4）最后进行材料实验和工艺实验，完成图案设计。

3.传统图案的应用

图案历史悠久，尤其是中国历史上，有大量的优秀传统图案，在现代服装形式上，对于传统图案的应用，有的声音认为：“不需要创新，老祖宗的东西是最好的，后辈们都没看懂呢，谈不上改良。”也有声音认为：“必须创新，否则不适合今天的生活，就要淘汰。”人类作为唯一一个有所谓“淘汰”行为的生物，太喜欢用“上帝视角”来看待问题，世间万物生老病死，优胜劣汰原本都是自然规律，让“传统”成为“传统”，让“设计”担得起“设计”。无论是人为“淘汰”，或人为“坚挺”，抑或是人为“嫁接”，都不免终成“镜花水月”的遗憾。因此传统图案应用应从两种角度进行：

图2-1-78 黄金比例用于Twitter标志的图案设计

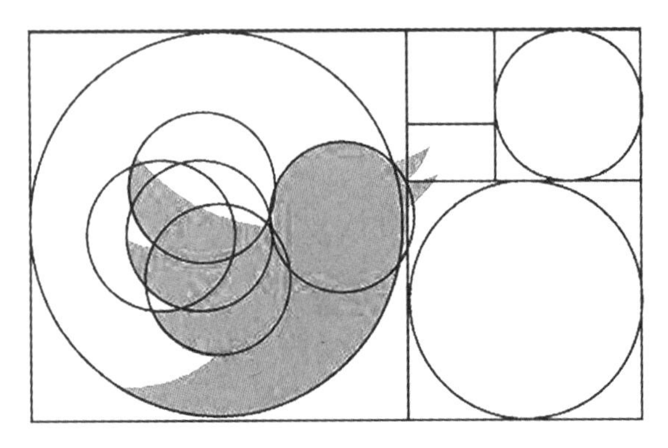

①尊重原型的设计。对待某些经典的、有象征意义的、不适合改良的图案，应保有原貌，不应该强行改良。改良的经典就不再是经典，破坏了“旧的”同时，并没有建立“新的”，得不偿失。

②创新设计。对一些可以改变的，尤其是

因为历史观念、技术限制而存在问题的，应该积极地从科技、工艺、材料、造型、形式等多方向使其延续经典的同时，产生新的生命力。传统图案的创新途径有：意像叠加——通过某种相似情感和意像的不同时代形态相互叠加而成；风格转化——利用传统图案的部分元素，转化图像形式技法，或者对传统图案元素进行重构，以传达新的风格理念；简化设计——传统图案多繁杂，造价高也不适合现代服装的简洁特点，因此进行简化设计是特别重要的创新手法；时尚年轻化——由于封建社会的礼法限制，传统图案的规制很多，用色、用料都不能突破束缚，我们幸运地生活在一个平等、开放的时代，我们的图案理应突破束缚，让它回归原本的美感。（图2-1-79）

图2-1-79　传统图案设计

A是意像图案，B是图案重构，C的手法包括了意向转化、简化处理、材料改良（王倚凡 天津美术学院服装系四年级）。

D是用3D打印笔制作的改良后的传统图案作品，属于材料创新类图案设计（王露尧 天津美术学院服装系四年级）。

练习（五）图案创新设计

形式一：从寻找灵感到分析归纳，到绘制草图，到设计调整，到色彩实验，到面料实验，最后为这个图案设计一系列适合的服装款式。

形式二：找一个没有图案的服装，为它设计适合的图案，分析有图案和无图案的服装风格差别，哪种更好，还是各有千秋？然后换材料和工艺再做相同的图案，放到服装上，分析差别。

轻松一刻，品牌介绍（三）：亚历山大·麦克奎恩

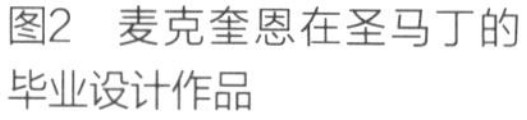

图1 亚历山大·麦克奎恩（Alexander McQueen）

“你必须知道打破他们的规则，这就是我在这里的目的，废除规则，但保留传统。”这是亚历山大·麦克奎恩的话，从这段话中，我们可以清楚地看到他的设计理念。他是一个深谙时尚规则却天赋异禀的“时尚破冰者”。

亚历山大·麦克奎恩（图1）1969年出生于伦敦。1991年，进入英国伦敦艺术大学中央圣马丁艺术与设计学院，获艺术系硕士学位，其毕业设计曾被时尚人士赞美为圣马丁最好的毕业创作（图2）。1992年创立品牌，1993年开设自己的设计工作室，2010年2月自杀。

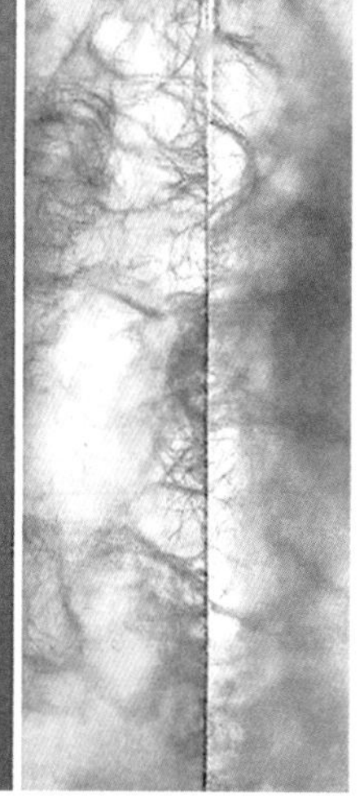

图2 麦克奎恩在圣马丁的毕业设计作品

主题为“开膛手杰克跟踪他的受害者”（Jack the Ripper Stalks his Victims）。麦克奎恩在领口、袖口还有大衣底部等部位缝入了红色内衬作为色彩暗示。他还将头发置于丝缎面料中，并塑造为布满荆棘的印花纹样（寓意监狱的铁丝网），灵感源于当时的妓女中流行着一种将头发剪去卖给富商作为定情信物而从中赚取收入的风俗。之后，“骷髅、野性、黑暗、浪漫、戏剧性”等诸如此类的关键词，就一直充斥在麦克奎恩的设计中。

麦克奎恩少年得志，成为贵族御用的设计师，但他是来自中下平民阶层，并以此为荣。他反叛的个性也表现于不屑中产阶级的矫情造作，所以他的衣衫总是在尊贵中隐现堕落气质。他设计上常打破传统美学的框架，将廉价的成衣感觉植入高级时装的体系中，充满戏剧性的效果。麦克奎恩对于裁剪和服装结构有着深刻的理解，据说他精通十几种裁剪方法，能够将裁剪技艺融于前卫的创新服装中，也是他之所以能获得成功的重要原因之一。

麦克奎恩有“英伦坏男孩”的称号，早期的服装作品充满争议，他因此被称作“顽童”（Enfant Terrible）和“英国时尚的叛逆份子”（the Hooligan of English Fashion）。他后期的作品中常常带着一种对死亡与生命的探讨，充满着浪漫主义古典情怀，美学风格被很多人誉为“死亡美学”。（图3）

麦克奎恩的设计受到很多名人的追捧，尤其是一些明星的热烈赞美，其中包括：麦当娜（Madonna Ciccone），雷迪嘎嘎（Lady Gaga）等。但是他创作为先的理念，影响了品牌的商业发展。2008年全球金融危机中，他的品牌一度濒临倒闭。为了增加品牌的创作空间，2000年12月，麦克奎恩把其品牌于LVMH的股权转卖给古驰（Gucci Group），以维持其创作为先的概念。

麦克奎恩一生中4次获得“英国年度最佳设计师”的荣誉，经典作品不计其数。1999春夏系列的“天鹅之死”中，秀场安排在废弃的巴士车站，整体贯穿着“艺术与工艺运动”和新科技的探讨。色调主要采用棕褐、象牙色和米白等自然色调，使用拉菲草编织成马甲和条纹裙子。将轻木材质分割、压平、穿孔，并处理成精致的扇形设计。皮革形成了不对称的腰带、紧身胸衣和模制线束等。秀的最后，曾是芭蕾舞者的沙洛姆·哈罗（Shalom Harlow）身着白色裙装站在木台上，随着木台的旋转，她身边的两台机器向她的身上喷射黄色与黑色的颜料，而她就像一只正在死去的白天鹅（暗示工业发展对自然环境和生物造成的残害）。喷色完成后，沙洛姆·哈罗摇摇晃晃地走向观众，她说：“我以一个被抛弃的投降者姿态，在人面前摊开我自己。”这场秀不仅仅是创新的表现手法和偶然性的设计风向，其中表达的“人与机器，过去、现在和未来在这里交汇”的概念，引人深思。（图4）

2001春夏的“沃斯”（Voss）系列里，被玻璃密室隔离的模特们用浮夸的肢体语言扮演神秘的“精神病患”。在结束时，再现了美国概念摄影艺术家乔尔·彼得·维特金（Joel-Peter Witkin）1983年的摄影作品“疗养院”。麦克奎恩用寓意深刻的秀场装置让密室外的秀场嘉宾体验了一场令人不寒而栗的惊悚戏剧表演。但是，从这次设计开始，麦克奎恩的作品

图3 麦克奎恩早期作品

图4　1999春夏“天鹅之死”秀场的结束表演

图5　麦克奎恩2001春夏秀场

逐渐从单纯的、戏谑的戏剧化表达，转向更加浪漫、唯美的视觉感受追求。（图5）

2006秋冬系列以“卡洛登的寡妇”（Widows of Culloden）为主题，通过18世纪“詹姆斯起义”（Jacobite Rising）的灵感，来表达对于文明进程中迫害异族的控诉之情，秀场上重现了如鸟羽毛装饰、苏格兰格纹、维多利亚时代蕾丝等元素，并且在秀结束时，用三维全息影像技术，展现了Kate Moss的影像，异常唯美。在这一季的发布中，设计师彻底释放了心底的烂漫情怀，也确立了麦克奎恩独特的、具有悲剧性的美学风格，让人不禁想到莎士比亚的一句名言：“悲剧就是将美好毁灭给人看”。（图6）

2010春夏系列，是麦克奎恩最后的完整作品发布，这个系列以“柏拉图的亚特兰蒂斯”为主题，系列以海洋为主基调，整个秀场充斥着强烈的色彩冲击，各样的蛇皮、鲨鱼皮纹理让人眩目，这个系列中的印花、廓形影响了后来多年的时尚流行，他的“驴蹄鞋”和秀场开场的凯特·摩丝（Kate Moss）的影像都成为经典之作（图7）。

麦克奎恩离世后，品牌由他的得意门生莎拉·伯顿（Sarah Burton）继承设计。她的设计大胆、优美，在基本保持原有品牌基因的前提下，体现自己的设计特色。从此，品牌麦克奎恩少了“惊世之才”的惊蛰感，却多了一份女性的从容大气的剪裁（图8）。

图6　A为2006年秀场服装，B为凯特·摩丝的三维全息影像

图7　麦克奎恩生前最后一场服装秀（2010年）

图8　A为以“蝴蝶”为灵感源的系列，B为2020春夏“天空”系列，C为以品牌基因“骷髅”为灵感的当季围巾设计

第二节　服装设计流程
——从单品到系列

服装设计流程是服装系列开发的具体过程，根据不同的需要，设计流程也需要“设计”。本节以适应面广泛并较为科学完整的当代西方学院派服装设计体系为主体，根据中国学生的思维特点及中国设计市场需要进行调整，给出一个服装设计程序的框架范本，供大家参考学习。

设计前奏——日常的设计积累

在开始一个系列的服装设计之前，先要讲一下设计的“前奏”，即日常的设计积累。

在西方传统服装教学中，有一个不可或缺的设计手段，就是完成大量的“sketchbook”——中文翻译为“速写本”，按照它的实际意义，更接近于“材料集”或者“灵感集”的作用，本书后文将以中文“灵感集”来代替“sketchbook”的表达。“灵感集”并不在系列设计中的任何一个环节里，但是，对设计起至关重要的作用。“灵感集”在历史上出现之初，只是作为记录素材所用，比如：阿尔丰斯·穆夏（Alphonse Maria Mucha）用大量的灵感集记录各种装饰边框、背景等素材。进行创作时，穆夏用这些素材去搭配主体形象，完成作品。这在工艺设计阶段是艺术家（那个时期还不能称作设计师）普遍使用的方法。后来，随着产业革命的爆发，当代设计逐渐替代了传统工艺设计。哈贝马斯曾经解释“当代”为“形而上学的终结和后形而上学的开端”。换言之，单一的思维模式不再能够满足当代设计的需要。随之，灵感集不仅有记录素材和简单拼接主题形象的作用，而且成了灵感拓展、分解和联想的开端。设计师利用“灵感集”，通过前端深入的调研、思维导图的拓展，使自己的感性思维可以深度参与思考的活动，而后端的设计和调整中，则以传统理性处理和专业技法为主导，这是相对完整和科学的。

灵感集的内容可以包括任何给予我们热情和设计冲动的事物，我们

图2-2-1　学生灵感集作品 A作者：陈诗（天津美术学院 三年级），B、C、D作者：胡钰（天津美术学院 四年级）。

需要及时用笔记录下这些灵感以及随之产生的初级设计草图，还有能够联想到的一切可以记录下来的东西，比如文字、图片（可以是联想到的其他图片，也可以是面料、色彩，或者其他设计师作品）等。灵感集形式可以随意，可以有错，可以不漂亮，可以无定式，但必须有的是思想性和独创性（图2-2-1）。

充分的准备工作，是后续高效设计的前提，同时也是对自己设计转化能力的初级训练。接下来讲述具体的系列设计经历哪些程序。

一、设计调研

设计调研往往是一个设计项目的开端，没有目的性的设计，通常很难取得成功。但是，根据不同的设计类型，设计调研和下一部分设计灵感，在实际操作时，根据需要，前后次序是可以互换的。

根据设计目的不同，设计调研分为两大类。

（一）创意服装设计调研。这类的设计包括常见的院校习作和各种艺术化表达为主的服装作品。调研主要根据设计灵感的需要，找到不同的设计对象进行。从创作次序上，这种调研通常放在确定灵感之后，在创意设计分析（本节第三大点）的步骤中进行。

（二）市场调研。服装设计项目以市场为输出目的者，适用这类调研。市场调研作为市场型设计的重要步骤，通常在项目最开始的阶段进行，主要分为两种调研形式：

1.产品定位调研。对比同类型品牌，分析产品的特色与竞争优势；确定目标客户群，分析消费特点；分析产品定位（包括：风格、材料、工艺、配件及细节与价格是否对等）；了解和筛选上下游渠道（包括：生产方式、销售方式、储存、运输等）。

2.产品更新迭代调研。这类调研以问题导向为主，其主要手段包括（与客户和销售人员）面谈调研、制作反馈表调研等。通过这些调研只能了解一个基础的数据情况，对于重要的迭代产品，真正要彻底找到问题的痛点，还需要设计师在一定时间内亲自试用，或者试着站在消费者的角度去考虑，只有获得共情，才能找到对于产品的深刻理解。

二、寻找灵感

灵感指人类潜意识中酝酿的东西，在头脑中的突然闪现。灵感是人类创造过程中一种能感觉到却看不见、摸不着的东西，是一种心灵上的感应。[①]灵感源是能激起我们灵感的刺激物。灵感并不会非常有规律地出现。设计师不能坐等灵感，而是要自己寻找灵感源，主动刺激自己的创作欲望和设计感，以维持源源不断的创新需求。

（一）灵感的特点

1.模糊性和短暂性

灵感的首要特点是模糊性，因为灵感是一种感知，看不见，摸不着，自己也不会非常清晰，而且灵感是有时效的，灵感源刺激结束的时间越长，刺激性越小，灵感也就越模糊，直到消散。因此，设计师要随身携带可以记录灵感的东西（比如小笔记本、平板电脑等），及时记录下灵

① 刘晓刚，崔玉梅.基础服装设计[M].上海：东华大学出版社，2010：90.

感，哪怕是几个词、一句话、随手的涂鸦等，并且及时整理进自己的“灵感集”。

2.自我性，多解性

灵感作为一种感知，它具有个体自我的属性特点，这种特性称之为自我性。在自我性中，灵感又可以解释为多种方向，继而拓展出多种联想，这种特性我们称之为多解性。在设计教学中，经常有同学质疑自己的灵感源没有特点，并担心和其他人设计相似。事实上，在大多数情况下，只要是通过自己的灵感解读而进行的设计转化，和其他人在设计结果上完全相同的概率是很低的。因为在设计过程中，有太多的可能性，在每一个“岔路口”都做出同样选择的可能性很小。但是，设计师会有一种经验的潜意识，这种潜意识甚至可以比记忆留存在我们大脑中的时间更长。换句话说，我们可能无意识地“抄袭”了某个设计，当然这是极少数的情况。

3.偶然性

灵感还具有偶然性，即灵感不是按照一定的时间、地点、规律发生的。因此，我们需要知道如何帮助自己寻找灵感源，以刺激自己的设计灵感。

丹尼斯·狄德罗（Denis Diderot）在《论绘画》中说：“灵感是由于反复的经验而获得的敏捷性。”灵感尽管无形且偶然，但是，只要我们善于发现，勤于思考，及时记录，就不怕灵感会枯竭。**灵感不是守株待兔可以获得的。**

（二）服装设计的灵感来源

设计师进行系列设计时并不全都依赖于艺术灵感进行创作，但是作为创意类服装设计，灵感往往是生发一个系列的重要起点。作为服装设计师，除了常态的学习积累与思考，我们还要适时为自己寻找刺激灵感的事物，那么灵感源都有什么呢？服装设计中，根据不同的设计需要，可以有不同的灵感来源。

1.使设计“从无到有”的灵感源

一个没有可参考产品的、完全崭新的系列设计，通常需要一个可以让设计“从无到有”的灵感源，这样的灵感源可以从具象和抽象两个方面寻找。

（1）具象灵感源

具象的灵感源非常多，我们介绍几种典型。

①主题型灵感源

这一类灵感源一般较为具体，本身具有很多相关的形象元素，例如：民族、历史、自然、科技、艺术……（图2-2-2）这种灵感源在后期转化

图2-2-2 主题型灵感源
A是以埃及为灵感源的设计，B是以巴尔干半岛为灵感源的设计，C是法国大革命为灵感源的设计，D是宗教为灵感源的设计，E是数码乱码为灵感源，F是以E为灵感源的服装设计。

设计时，优势是有很多的材料可用，而且形象具体，比较易于设计联想。劣势是由于元素过于具体，很容易使设计师过早地陷入设计转化，简单将灵感源等同于设计主题。**处理这一类灵感源时，一定要充分进行拓展分析，不能急于转化设计，并且在设计处理时要尽量“似是而非”地表现灵感元素，不经处理的初级形象应用很难达到高水准的设计要求。**

②流行性灵感源

这一类灵感源包括社会思潮、时尚流行、热点事件等。流行性灵感源在内容上和主题型灵感源相似，区别是它具有流行特点，我们用这一类灵感源进行设计时，要注意把握流行特点。流行性灵感源通常具有时效性，离流行时间越近，越能产生共情效果，反之，则不易让观众产生共情。例如：2020年是一个特别的年份，突然到来的新冠肺炎席卷全球，以此为灵感源的各种设计纷至沓来，其中应用最多的元素是口罩等医护用品，这种流行还引发了对既往相似设计的一并关注。（图2-2-3）

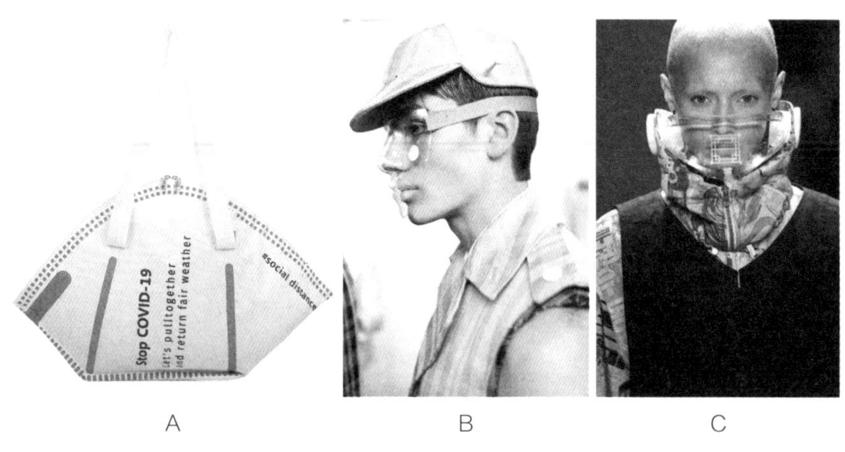

A　　　　B　　　　C

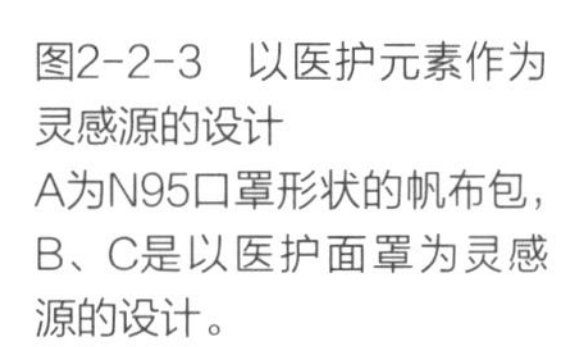

图2-2-3　以医护元素作为灵感源的设计
A为N95口罩形状的帆布包，B、C是以医护面罩为灵感源的设计。

（2）抽象灵感源

抽象灵感源指可以刺激设计产生的抽象事物，通常包含思想、意识、感知等。例如：一个意念，一种哲学思想，一首诗，一支歌曲，一份情感，一个原理等……（图2-2-4）这些灵感源本身不具有形象，应用这些灵感源进行设计时，必须利用“通感”进行形象联想和转化，然后才能进行设计。**对抽象灵感源进行设计时，最忌设计空洞、无表现性，或者陷入极为常规联想的同时又没有创新的转化形式，**比如：用基本的爱心元素表现爱情，用绳子元素的系扎表现束缚等。

2.以更新迭代为目的的服装的灵感开发

在服装市场中，更多的设计需求是更新迭代，而不是“从无到有”。这样的设计可以在常规灵感源中寻找新的灵感注入，但更重要的是，对已有产品进行分析改良，寻找问题获得迭代的设计痛点。一般分为两种情况：第一，产品自身改良的问题导向，问题导向又具体分为向他人

图2-2-4　卡拉扬·侯赛因（Hussein Chalayan）的“重力疲劳”系列

询问调研和设计师的自我体验（这正是本书前面所说的"产品更新迭代调研"，由此可以发现，设计实操时，流程的次序并不是一定的，可以根据需要，调整次序，合并步骤，加减步骤等）。第二，产业变革带来的流行导向，流行导向又分技术进步和时尚流行。

值得注意的是，"再设计"（redesign）本身就是一种重要的设计思路，且不一定是指改良自己的某款设计，而是指对已有服装形式的再设计。

设计的灵感源非常多，要选择能给你比较强触动的、较为熟悉的，可以找到比较多资料的，或者可以有机会深入了解的灵感源。而且，如果这个灵感源可以引发你无尽的联想，又比较好表现，这一定是适合你的灵感源。

练习（六）：再设计

设计分析："再设计"的内在追求在于"回到原点"重新审视我们周围的设计，以最为平易近人的方式来探索设计的本质。"从无到有"固然是创新，但将已知的事物陌生化，也是一种创新方法。"再设计"的设计角度可以归纳为以下几种：

1.旧物改良（问题导向型）：选择已有服装形式，找到问题，并针对问题进行设计；

2.打破固有印象：选择已有服装形式，针对固有的设计风格、服装形制等，进行突破性设计；

3.时代性改良设计：选择已经退流行的服装，根据今天的时尚流行特点，进行改良，使其焕发新的生机；

4.设计意图转变：选择已有服装形式，通过改变原有设计意图的方向，改进服装；

5.技术改良：选择已有的服装形式，通过材料改进、工艺改进等方式进行改良。

设计练习要求：以"再设计"作为灵感，进行服装设计练习。

1.选择一件经典服装（白T恤、小黑裙、牛仔裤等）或者一个经典服装形象（蒙德里安裙、New look系列、Coco套装、吸烟装等）或者自己衣柜里已经退流行不穿的旧衣服（旧毛衣、旧连衣裙、旧衬衫等），进行"再设计"训练（图 练习6-1）。

2.选择一个服装形式，找到存在的问题，或者值得进一步改进的地方，以此作为灵感进行设计（图 练习6-2）。

图 练习6-1　改良设计
A为衬衫改良，B为T恤改良，C为西服改良，D、E、F为以校服为基础进行的解构服装设计（严莹，天津美术学院服装系，四年级）。

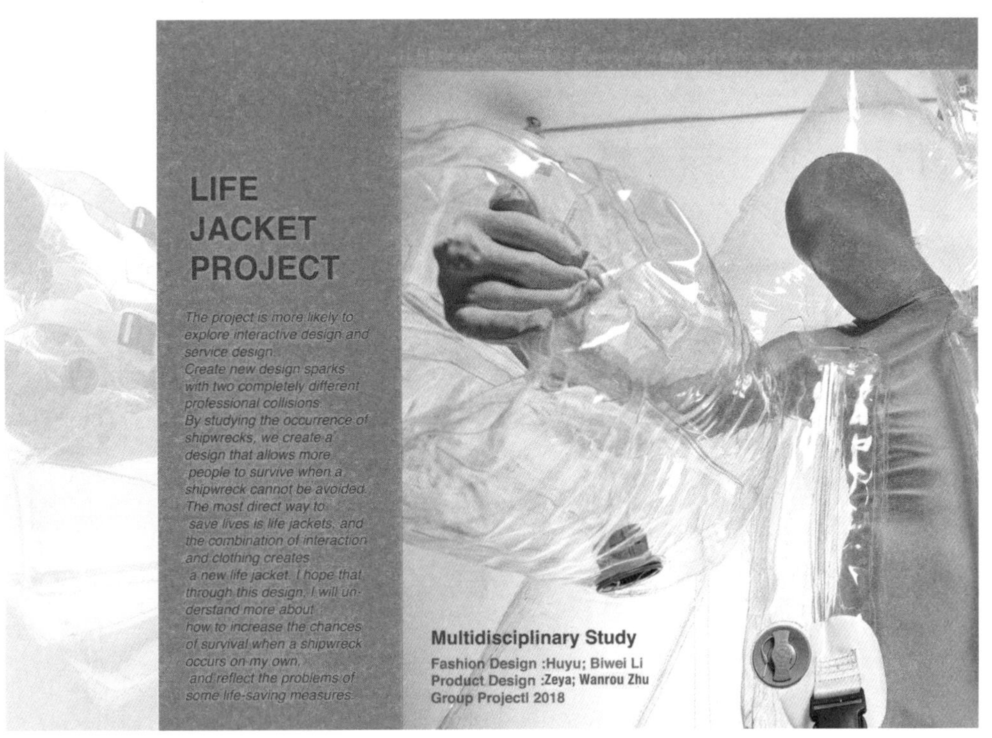

RESEARCH

■ Research

Through reviewing relevant information, we analyzed historically famous shipwrecks to the sea accidents happened recently, hoping to learn about the specific conditions of the shipwreck, such as the time and place of the incident, the casualties and the description of the survivors' memories. And then we summarized the main causes of the shipwreck and some potential factors.

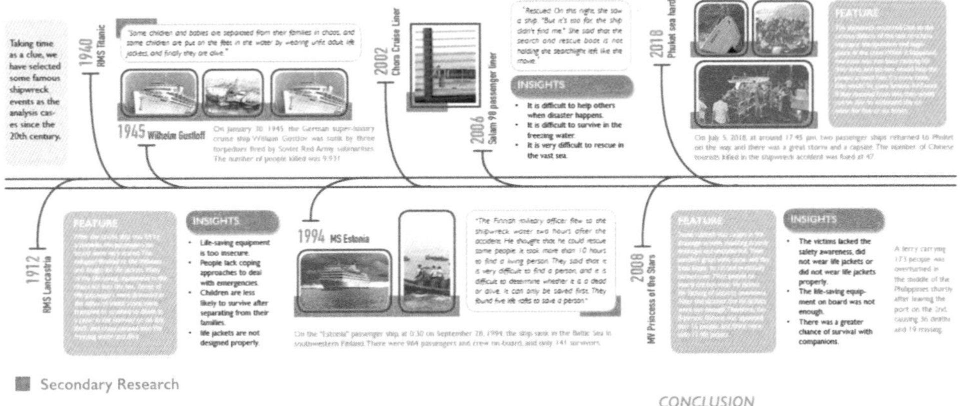

■ Secondary Research

The Captain

Improper judgment of emergencies leads to the accident & improper guidance to passengers after the accident.

Life Jackets

Life jackets are not suitable for children and the designs are unreasonable. Many people do not wear life jackets.

Safety Awareness

Confusion in the face of emergencies and wrong judgments lead to serious consequences.

CONCLUSION

After the investigation, we found that there are mainly three types of problems that caused a large number of people die when a shipwreck occurred. One of the most important problems is life jackets.

Life jackets are the only hope for survival in the event of a shipwreck, but have not helped many people survive, so we believe that life jackets are the key issue in our design research.

图 练习6-2 救生系统灵感设计——完整案例展示（胡钰，天津美术学院服装系，四年级）

该作品是由海难救生衣的问题引发的设计实验，主要解决海上救生时亲人易失散的问题，属于情感关怀角度设计。（续1）

Primary Research

In order to investigate the specific use of life jackets, we experienced the process of taking a boat and the use of life jackets. During the boating process, we observed and interviewed the passengers around us about the use of life jackets and the feeling of the usage.

NO LIFE JACKET

Short-distance boats--All passengers on the boat did not wear life jackets. There was no life jacket on the boat because of the short trip, and no one had doubts about not having a life jacket.

INCORRECT WEARING

Double-decker sightseeing boats--The life jackets were piled up at the door of the ship and were very dirty. Some tourists hung it on the body, and there was no crew to remind tourists to wear a life jacket.

CAN'T FASTEN BUCKLE

Although the passengers were asked to wear life jackets by the crew, some passengers didn't wear the belt of life jackets because they were not comfortable due to their fat body.

UNCOMFORTABLE CROTCH

The life jackets are too straight. It is difficult to sit comfortably after wearing it properly. When people did something, the rope would tighten the crotch.

RESTRICTED NECK

The ropes on the neck of the life jackets could hinder the user's activities. For comfortable movements, many people would simply hang the life jackets around their necks.

SNORKELING INSTRUCTOR

The daily job is to take tourists to snorkel.
"The Life jackets must be worn. I will help tourists wear them, but many tourists feel that they can swim and the life jackets limit their activities, and then take off their life jackets in the middle."

CAPTAIN

The daily work is responsible for driving the passenger ship in the scenic area.
The life jackets are placed on the seats for the tourists, and they will not be specially explained. If the tourists ask, they will be taught how to wear the life jacket.

BOATMAN

The daily work is rowing wooden boats in the scenic spot. Life jackets are piled up on the bow. Tourists have to take it by themselves, and tourists are not required to wear them.

INSIGHT

- Life jackets have restrictions on users' sizes.
- People lack basic safety knowledge of life jackets
- Ships are not equipped with adequate life jackets
- Life jackets have design flaws and are not comfortable to wear.

Potential Solution

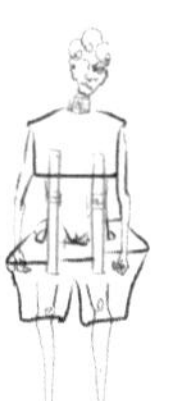

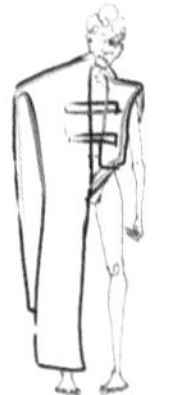

Case Study

It is difficult for us to find the survivors who have actually experienced the shipwreck as the object of research during the user survey. However, we find that survivors' descriptions of shipwreck in the documentary are very valuable information, which can intuitively reflect some specific problems when the shipwreck occurred. Therefore, we collect their relevant descriptions.

2018 - PHUKET EVENT

Little Mats

"Little Mats was rescued with the help of everyone. Because he was the youngest, we kept him at the top of the raft, as far as possible from the water. If people didn't help each other, many people would not escape."

2018 - PHUKET EVENT

Tan Yilin

"I saw a ship, but it was too far away, and I was not found by the ship. The search and rescue ship didn't mean looking for left and right with searchlights like the scene in the movie. The movie was deceptive."

2018 - PHUKET EVENT

Xu Taimin

"Better change his clothes and put him and his mother together."
"I want to see him now, tonight, and I will put him and his mother together, even if it is dawn."

2018 - PHUKET EVENT

A helicopter pilot

"We find a lifeboat with three people on it, all alive, waving to us for help. As the light of our searchlights is not enough, I don't know whether there are any alive people in the water."
(The sea was too dark for rescue.)

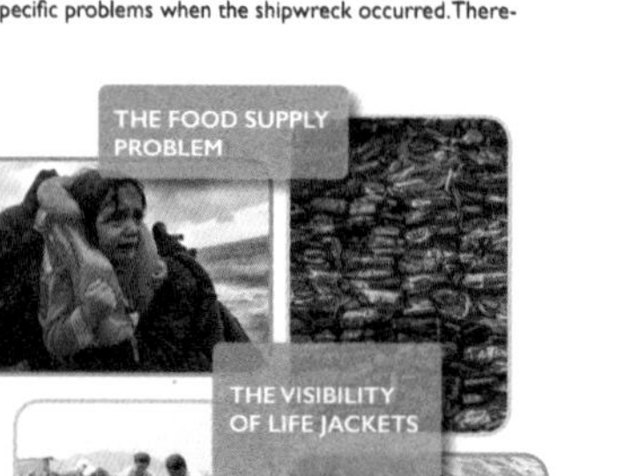

Potential Solution

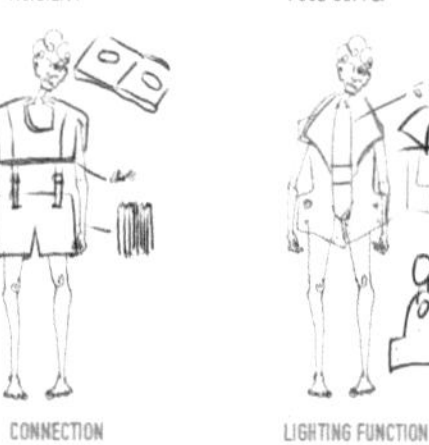

图 练习6-2 救生系统灵感设计——完整案例展示（胡钰，天津美术学院服装系，四年级）
该作品是由海难救生衣的问题引发的设计实验，主要解决海上救生时亲人易失散的问题，属于情感关怀角度设计。（续2）

Culture Probe

Since most of us have never experienced a shipwreck, it is difficult for us to imagine what our thoughts are occurs and what choices we will make when the shipwreck. So we designed a device to simulate how it felt when a shipwreck occurred, allowing users involved in the survey to make choices in the scenario.

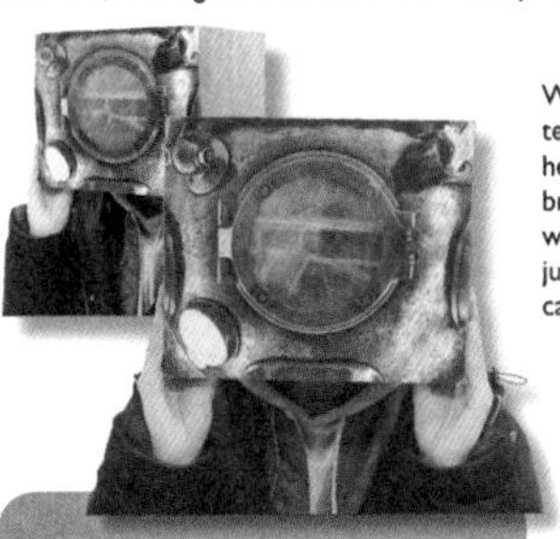

We made a sea helmet interaction device. When the helmet detects that a person brings it, the user will see the water drowning him a little bit, just like the feeling when he can't escape in a shipwreck.

STEP 1

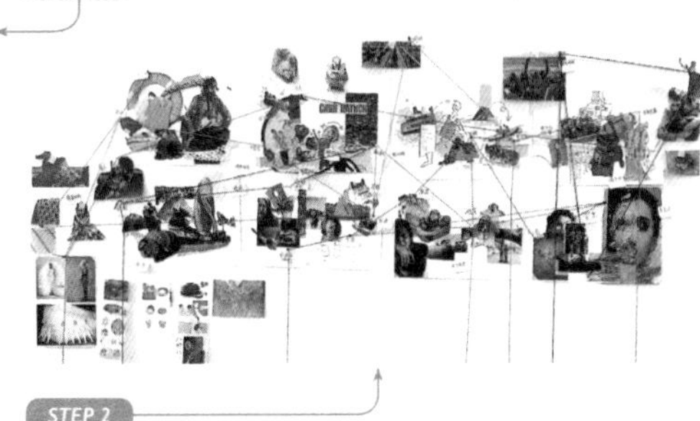

STEP 2

We linked the pain points of previous research into a story in the form of pictures, allowing users to bring boxes to watch stories and make choices that they think are important.

PRINCIPLE

There is a sandwich in the helmet, and when the distance sensor receives the signal of someone getting close to it, it will send a signal to control the No. 1 pump to start pumping. After a delay, the No. 2 pump draws the water out of the interlayer.

CONLUSION

- Life jackets are not comfortable and sometimes can't play a protective role.
- If more people were gathered together, the chances of survival would be greater..
- People want to be with their family in any case.
- People regret that they don't have a better understanding of safety knowledge of life jackets.
- Hope that life jackets are more visible, and they can be found much earlier.
- Hope that life jackets will have additional functions, such as storing food, insulation, lighting, etc.

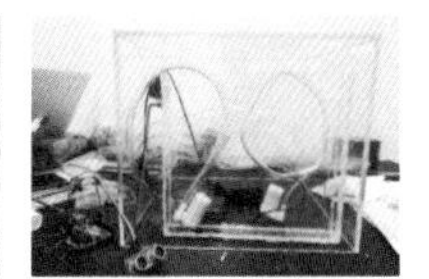

STRETCHING EXPERIMENT

Sleeves are used as carriers to connect multiple people. When the sleeve is pulled out from the body, it can inflate quickly and conveniently. On the one hand, it can enhance its buoyancy; on the other hand, the design of the back opening of the sleeve can allow other victims to penetrate temporarily and increase the survival probability.

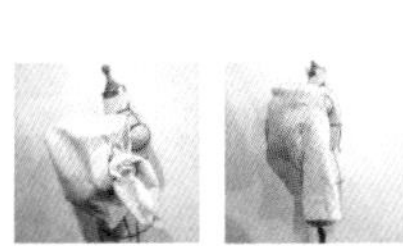
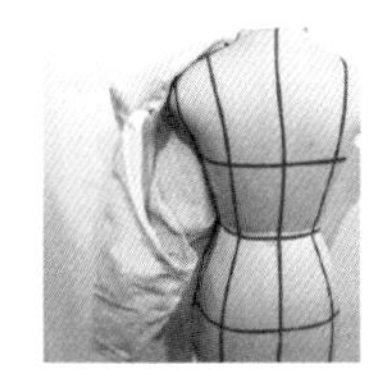

I tried to relate the pain points of existing life jackets to the concept of "multi-wearability" and designed several ways to wear them in combination with fashionable visual effects

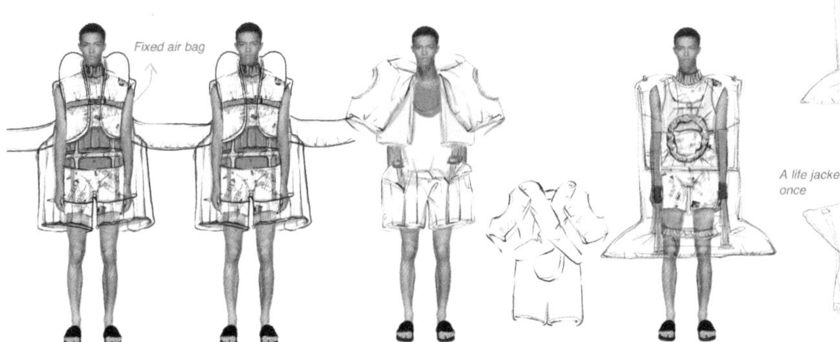

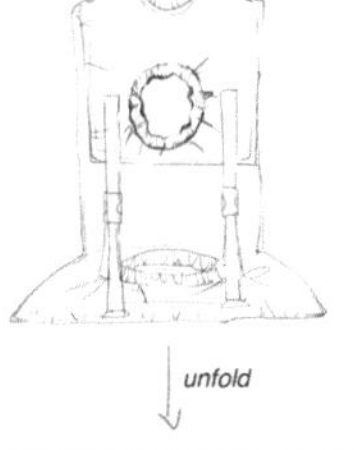

A life jacket that can hold three people at once

图 练习6-2　救生系统灵感设计——完整案例展示（胡钰，天津美术学院服装系，四年级）

该作品是由海难救生衣的问题引发的设计实验，主要解决海上救生时亲人易失散的问题，属于情感关怀角度设计。（续3）

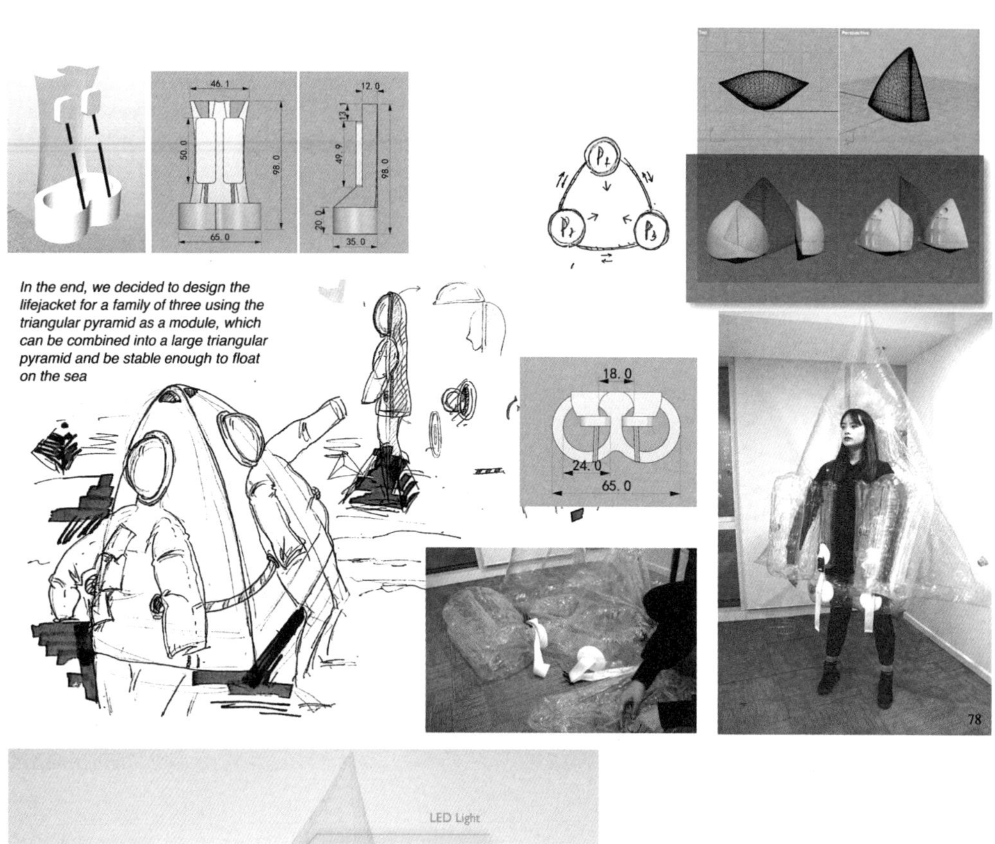

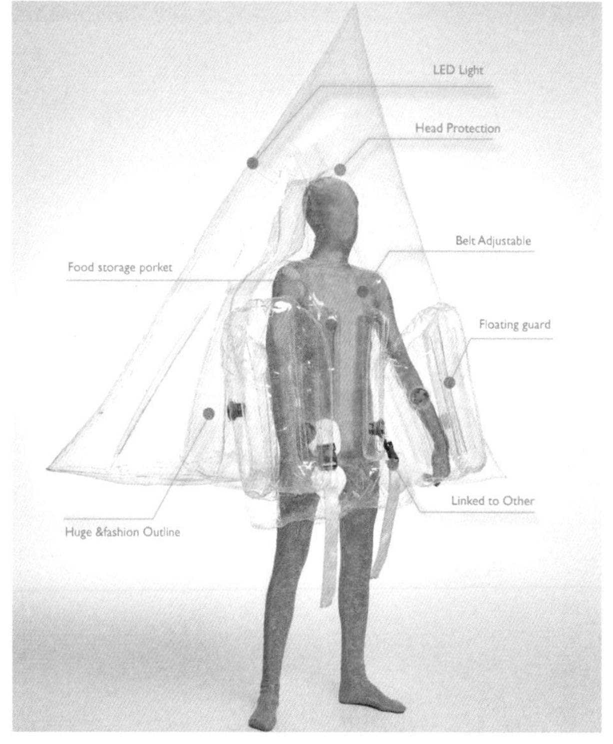

Photographer:
Jonny
makeup artist:LILI
designer :Hu Yu
model: Alex

图 练习6-2　救生系统灵感设计——完整案例展示（胡钰，天津美术学院服装系，四年级）
该作品是由海难救生衣的问题引发的设计实验，主要解决海上救生时亲人易失散的问题，属于情感关怀角度设计。（续4）

三、思维拓展——构思设计主题

经过前两个阶段，我们大体上产生了设计方向。现在需要进行思维拓展以便确定设计主题。思维拓展形式有头脑风暴、思维导图等。头脑风暴是一种拓展思维的方法，用以表达设计小组成员的无限制自由联想和讨论，其目的在于产生新观念或激发创新设想。思维导图（The Mind Map），又名心智导图，是表达发散性思维的有效图形思维工具。思维导图把灵感源的关键词与图像的各级联想主题用相互隶属或其他关联的层级图表现出来，常用的形式包括：气泡图、树形图、矩阵图、括号图、鱼骨图等（图2-2-5）。

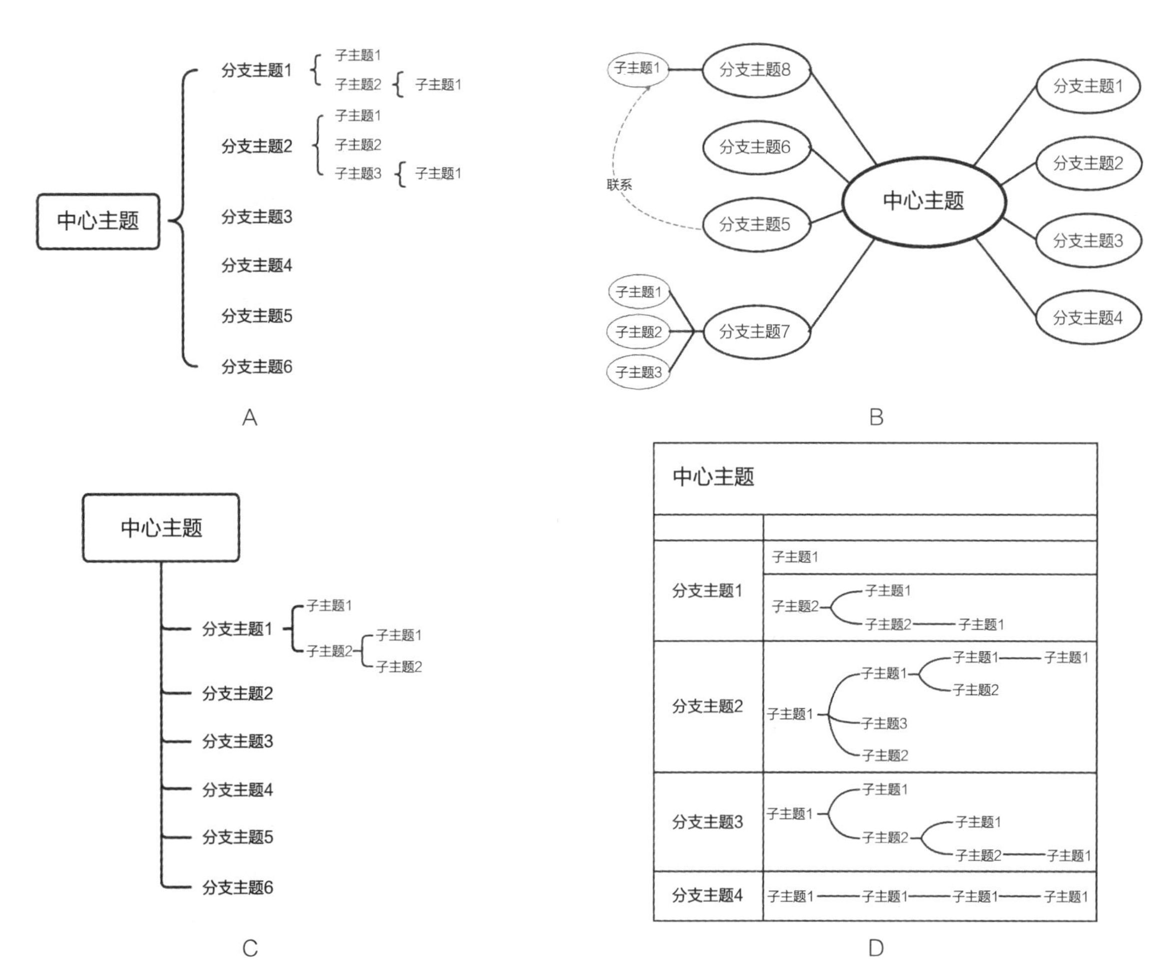

图2-2-5　思维导图

A为括号图模型，B为气泡图模型，C为树形图模型，D为矩阵图模型。（续1）

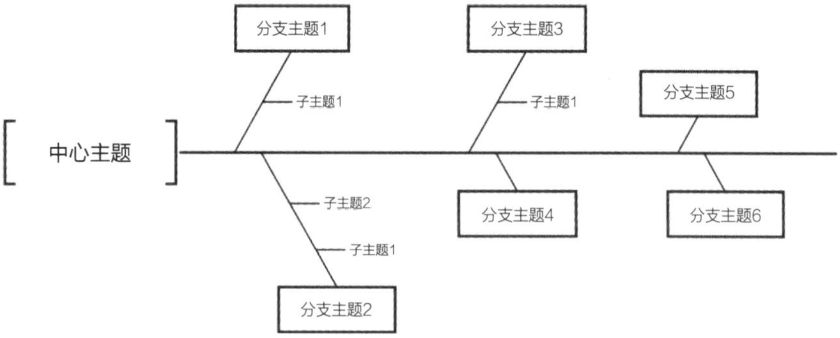

E

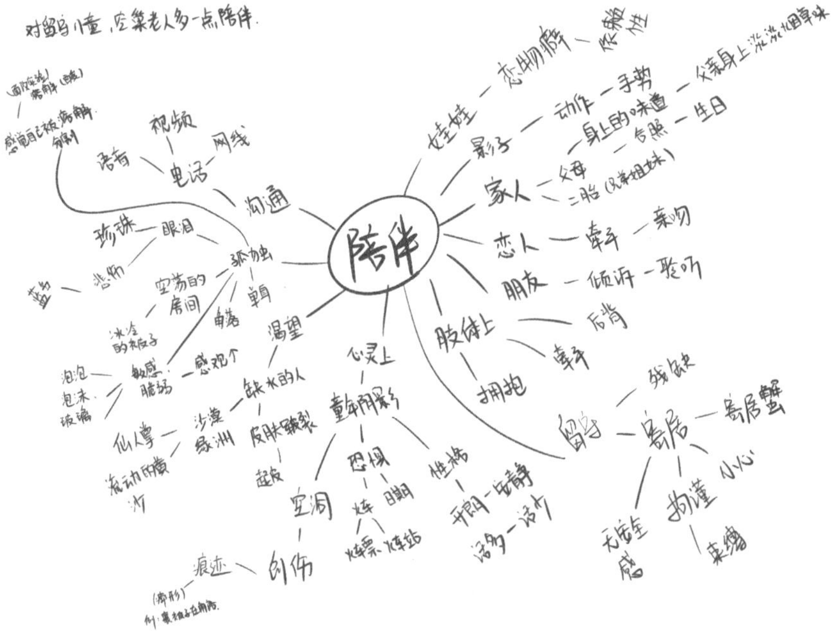

F

图2-2-5 思维导图

E为鱼骨图模型，F为思维导图的设计应用实例展示——以“陪伴”为灵感源的思维导图（严莹，天津美术学院服装系，四年级）。（续2）

进行过思维拓展后，我们要从中选择最终的设计主题。

首先，我们要注意，灵感源和主题并不是一回事。灵感源是激发你设计灵感的事物，但是这个事物通常不能直接用于设计转化，经过分析拓展和提炼之后确定的才更适合设计转化，从而成为设计主题。

其次，主题应该如何选择？艺术创作主题选择有剑走偏锋的，也有选择经典的，其实两者各有优劣。有一则对文艺创作选题的描述是这样的：“故事题材反复被流传的原因，一种是因为结构，技法不受具体内容牵绊，有利于反复创新；一种是题材的内容中说的事，各时代皆是如此，因此不拘于某个时代。"这里说的"反复流传"，就是本书说的"经典选题"。艺术门类是有相通之处的，设计主题的选择也如此。

大多数人追逐时代的表象，少数人却可以看清不同时代各异的表象下共有的暗流。因此有的理解只在腠理，而有些却深入骨髓。设计主题中，题材性的独特和"真实的伟大"是有一定距离的，很多初学者会以为"新奇的主题"下才能有更好的设计，事实上，越是给自己规定一个很独特的题材，往往越有难度，处理得不好，设计就不够丰富。并且设计的提高不仅不在于主题的标新立异，更不在于频繁换主题或者换元素。相似的灵感和主题，只要源于自身新的体会，就会有新的独特的表达，**基于此，主题的选择本书给出几条建议：①一定要有真实体会，但并非是一味追求新鲜。②要适合用服装语言来表现，并且较利于设计师的设计风格塑造。③具有意义与价值，比如：体现时代特点，具有社会价值，进行哲学思辨等。**

四、设计资料的采集分析

设计资料分为一手资料和二手资料。一手资料采集分析，指设计师自己经过设计实验（造型实验、面料实验、工艺实验等）获得分析结果，提取设计元素的过程。二手资料采集分析，是指借助他人研究结果（可以来自书籍、网络、期刊等）进行收集分析，提取设计的过程。一手资料和二手资料在设计中都是非常重要的，但是，往往一手资料更贴近自己的感受，也更能激发创意和发现设计问题。学会做一手资料调研，是一个设计师开发系列设计，尤其是创新类服装设计的重要能力之一。（图2-2-6）

五、系列设计拓展

（一）设计表现

服装设计的主要表现形式包括图稿表现和立体表现。服装设计图稿表现主要有：时装画、服装效果图和服装款式图。服装款式图指，着重以平面图形特征为表现形式，含有细节说明的设计图，主要用于服装制作和专利申请等强调准确表现服装比例和工艺的场合。服装效果图通常为模特着装状态图，有手绘效果图、CAD[①]效果图、拼贴效果图三种基本形式。手绘效果图的起稿工具包括铅笔、橡皮、绘图纸；上色工具包括马克笔、

① CAD全称为Computer Aided Design，即计算机辅助设计，指利用计算机及其图形设备帮助设计人员进行设计工作。这里要注意，有一些辅助服装制版的软件名称中有服装CAD的字样，造成了含义的混淆。服装CAD，不是仅仅指某种辅助制版的软件，而是所有可以用以辅助服装设计的计算机软件的总称。

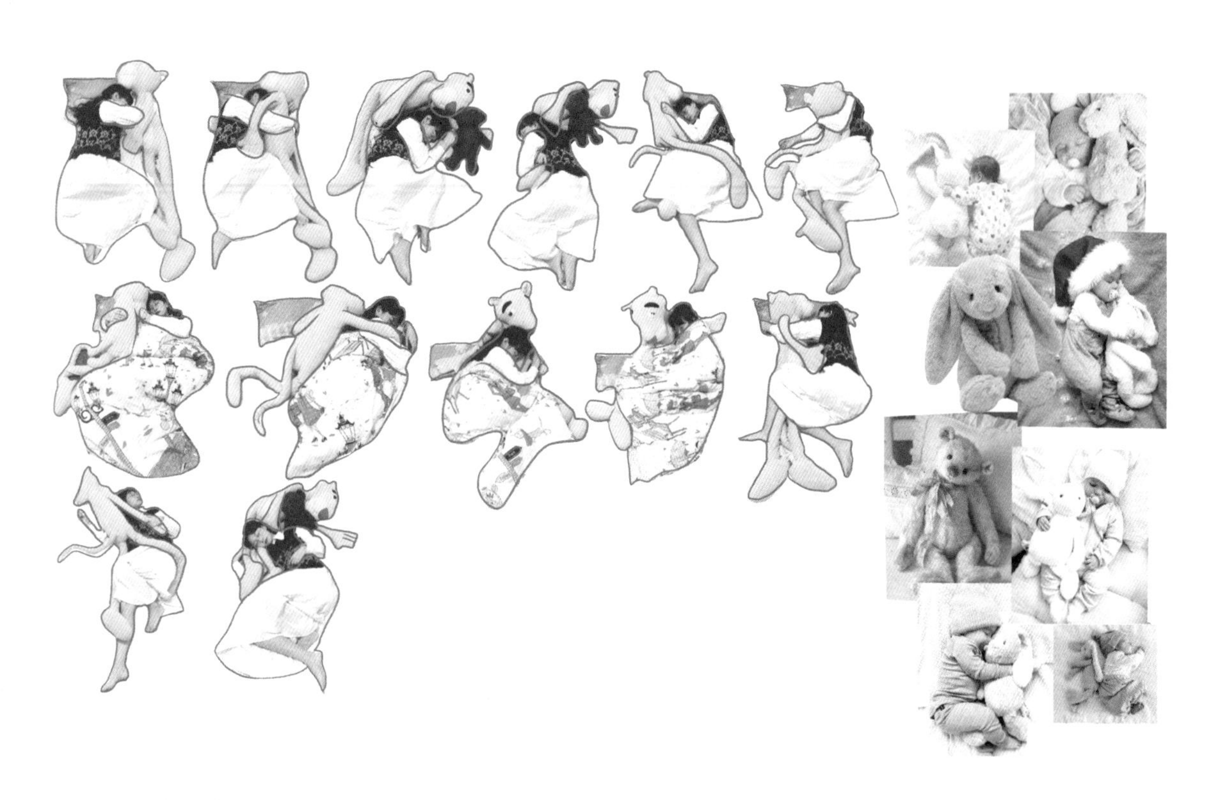

图2-2-6 "陪伴"主题设计中的廓形实验（严莹，天津美术学院服装系，四年级）

彩铅、水彩等。CAD效果图常用软件有procreate（iPad绘图软件）、SAI、Photo shop、Lllustrater、Coreldraw等。拼贴效果图是近几年比较热门的创作用图，是指用已有的图片通过剪贴和手绘结合的效果图，优势是快速，且有利于突破自己的常规设计习惯。时装画是指以表现服装与服饰为主题的插画作品，主要为了表现时尚氛围，以审美目的为主，服装款式可以具象表达，也可以抽象表现。（图2-2-7，图2-2-8）

A B

图2-2-7 A为手绘时装画，B为拼贴效果图

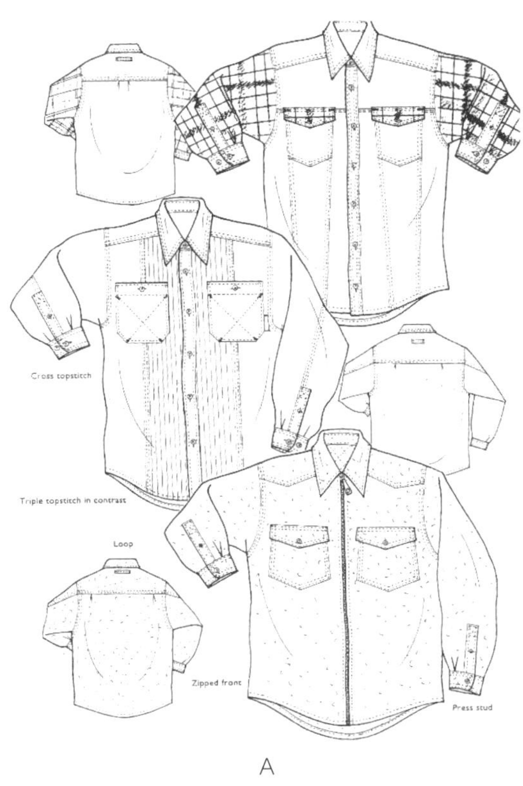

A

B

图2-2-8　A为服装款式图，B为3D软件制作的领子效果图

（二）系列拓展

经过前几个步骤，就能够获得明确的设计方向和主题，并完成一些单品设计、材料实验、造型实验、色彩搭配试验等。现在要将这些已有的初级想法进行整合，将其中有特色的重要设计点提炼出来进行深化设计和系列拓展。这一步所得的草图仍旧不是最终的设计稿，需要大量的草图拓展，才能达到后续筛选的目的。（图2-2-9）

（三）服装配饰设计

到了系列草图设计这一步，应该开始将配饰也一并考虑进去了。

服装配饰，是除主体服装外配合塑造人物整体形象的物品，其材质多样，种类繁杂。服装配饰设计逐渐演变为服装设计的一种延伸，已成为服装整体形象完整性不可或缺的一部分。

服装配饰按装饰部位分为：发饰、颈饰、耳饰、腰饰、腕饰、腿饰、足饰、头饰、衣饰等。按材料特点分为：纺织品类、绳线纤维类、毛皮类、竹木类、贝壳类、珍珠宝石类、金属类、自然花草类、塑料类等。按装饰功能与效果分为：首饰品、编结饰品、包袋饰品、花饰品、帽饰品、腰带饰品、鞋袜、手套饰品、伞扇、领带、手帕等。

图2-2-9 “陪伴”系列的草图拓展（严莹，天津美术学院服装系，四年级）

服饰品种类繁多，这里根据重要性、常见度和设计的特殊性，简单了解一下在服装系列中较为重要的配饰形式的设计与绘制。

1.首饰

中文“首饰”一词，始于明清，指头部饰物，后由于戒指的发展大大超过了其他品种，又因“手”“首”同音，因而“手饰”也归为“首饰”。根据位置不同，首饰通常分为：头饰、胸饰、手饰、脚饰、挂饰等。首饰涉及的材料大致分为：贵金属、珠宝、人工合成材料几大类。

（1）贵金属

常见的贵金属包括：黄金、白银、铂金、钯金四种。白银是其中最便宜的金属，钯金是其中最贵的金属。首饰中，我们常用的“彩金”是黄金与其他金属的合金，例如：玫瑰金是黄金和铜的合金。（图2-2-10）

（2）珠宝

珠宝（jewel）有广义与狭义之分。广义的珠宝应包括金、银以及天然材料（矿物、岩石、生物等）制成的，具有一定价值的首饰、工艺品或其他珍藏。狭义的珠宝单指玉石制品，故古代有“金银珠宝”的说法，把金银和珠宝区分出来。我们这里说的珠宝指除了贵金属以外的天然材料制品，其中宝石是比较重要的一类。宝石的主要工艺是切工，分为弧面性切工和刻面性切工。

①弧面性切工，又称“素面形”切工或“蛋面形”切工。主要应用在不透明或透明度差或有特殊光泽的宝石上。形状包括：圆形、椭圆形、马眼形（橄榄形）、水滴形、糖面包山形等。（图2-2-11）

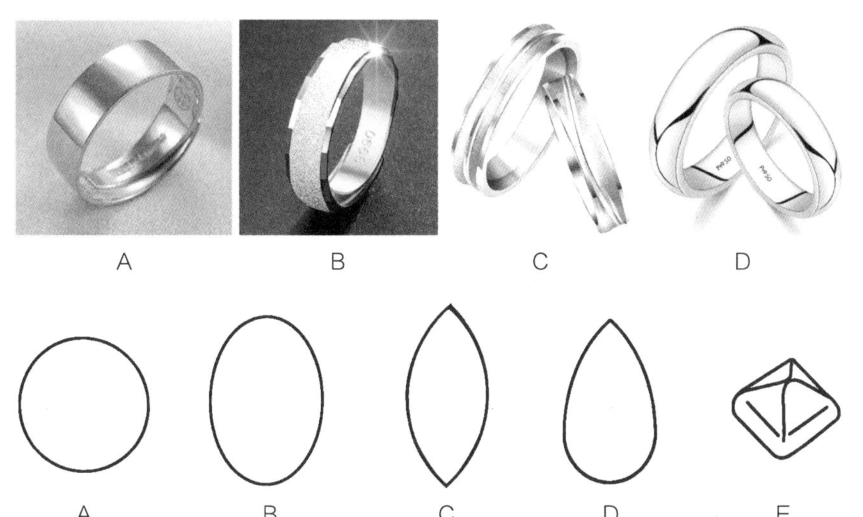

图2-2-10　A黄金，B白银，C铂金，D钯金

图2-2-11　A圆形，B椭圆形，C马眼形（橄榄形），D水滴形，E糖面包山形

②刻面性切工是透明宝石普遍采用的手法。刻面性宝石分为冠部（顶部）和亭部（底部）。腰是顶和底的分界，决定从顶部观看宝石的最大面积，通常一个设计合理经典的刻面宝石，腰的高度在整体高度的百分之二左右。（图2-2-12）

刻面性宝石的常见类型包括：圆型，椭圆型，水滴型，垫型，马眼型，心型，公主方型，祖母绿型（这是一种切割法，不是指祖母绿宝石），蕾蒂恩型（八方），长方型，三角型……（图2-2-13）

刻面性宝石常用的镶嵌手法包括：爪镶，卡镶，包镶，钉镶，轨道镶，藏镶，无边镶（图2-2-14）。

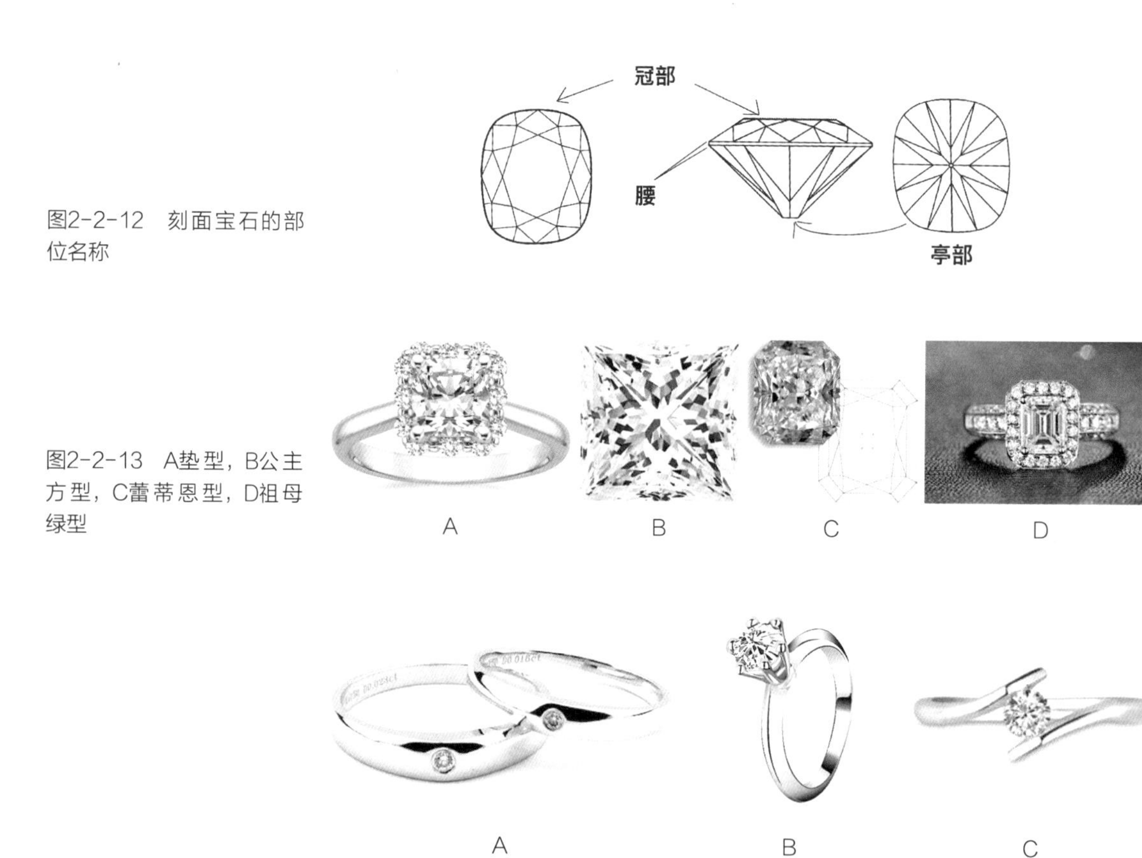

图2-2-12 刻面宝石的部位名称

图2-2-13 A垫型，B公主方型，C蕾蒂恩型，D祖母绿型

图2-2-14 A藏镶，B爪镶，C卡镶，D钉镶，E包镶，F轨道镶

③珠宝设计与绘制

珠宝设计分为独立系列的珠宝设计和服装系列中的珠宝设计。独立系列的珠宝设计流程与服装设计流程相似，都是灵感—主题—设计—生产—销售。服装系列中的珠宝设计主要是辅助营造服装风格，传达理念，不能喧宾夺主。（图2-2-15）

珠宝设计图分为工艺图和效果图。工艺图中的三视图，更接近于工业设计图纸，强调透视关系与细节比例。效果图分为：单独珠宝效果图和人物佩戴效果图。服装系列中的配饰设计图，通常需要：三视图、产品效果图、模特佩戴图三种形式。珠宝设计图与服装效果图不同的地方，主要在于“三视图”的画法。我们先学会画透视下的圆（图2-2-16），接下来再学画三视图（图2-2-17）。

（3）其他

除了刚才讲到的贵金属、珠宝，常见的首饰材料还有珊瑚、人工合成宝石、硅胶、羽毛、木头等。很多奢侈品时装品牌还专门用人工材料来彰显品牌理念，而且价格并不便宜，比如香奈尔（Chanel）和薇薇安·威斯特伍德（Vivienne Westwood）。（图2-2-18）

图2-2-15　珠宝首饰欣赏

图2-2-16　圆透视的画法步骤（图中数字为步骤）
①画HL（地平线）和VP（消失点）；
②画出变线、平行线；
③做交叉线，找圆心；
④连圆心和VP找中线，通过圆心画平行线；
⑤找到4个边线与中线的交点，连成圆。

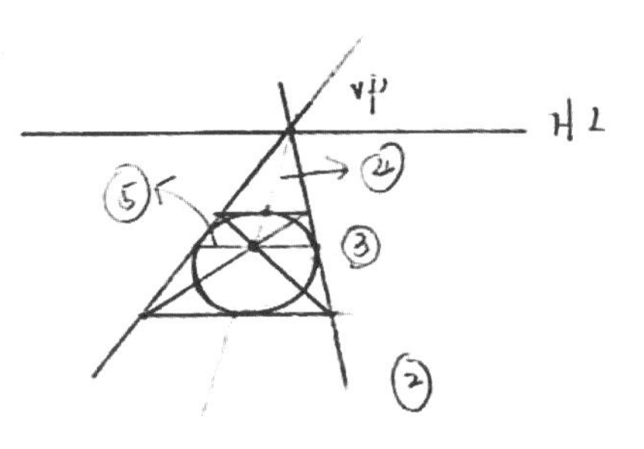

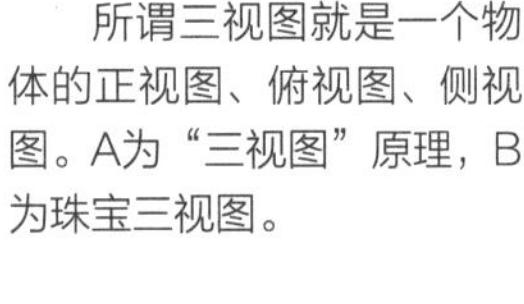

图2-2-17　三视图
所谓三视图就是一个物体的正视图、俯视图、侧视图。A为“三视图”原理，B为珠宝三视图。

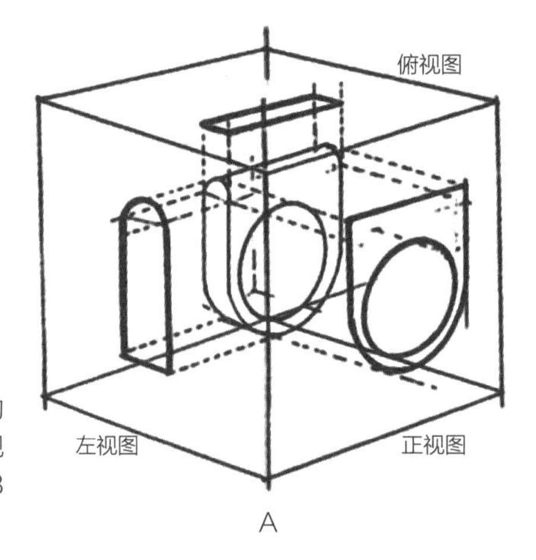

A

正视图
左视图
俯视图

B

A

B

C

D

图2-2-18　A羽毛项链，B人工珠宝项链，C珊瑚项链，D硅胶3D打印首饰

2.箱包

箱包是体量较大的配饰，对于营造人物整体形象有非常重要的作用。箱包的主要材料有天然皮革、人工皮革、耐磨面料、化学材料几种。箱包的品牌很多，大致分为：奢饰品品牌，如爱马仕等。它们注重设计、材料，工艺精良，款式多为经典设计，通常限量销售，价格区间从几万到上百万不等。设计师品牌，如亚历山大·王（Alexander Wang）等，他们的设计和品质与奢饰品相近，但是声望和稀有材料的应用远远不及，价格在几千到几万不等。高街品牌，如飒拉（ZARA）等，它们注重流行设

计，价格在几百到上千不等。大众品牌，价格便宜，款式流通快，依靠大量的销售来盈利。

箱包的设计大多和服装紧密相关，需要呼应服装的设计主题与理念。很多有特色的包袋，本身也是服装设计的延续和亮点（图2-2-19）。

包的设计、制作大致流程：主题确定—设计图稿—材料选择—工艺选择—材料处理—制版—制作—整理（图2-2-20）。

3.其他

除了首饰、箱包这两大类配饰，系列设计中最常搭配的有鞋、帽子、围巾（包括丝巾）、眼镜这几种（图2-2-21）。鞋的设计通常首要考虑的是功能性，然后才是审美，特殊场合的鞋除外。帽子作为头部装饰的一

图2-2-19 箱包设计

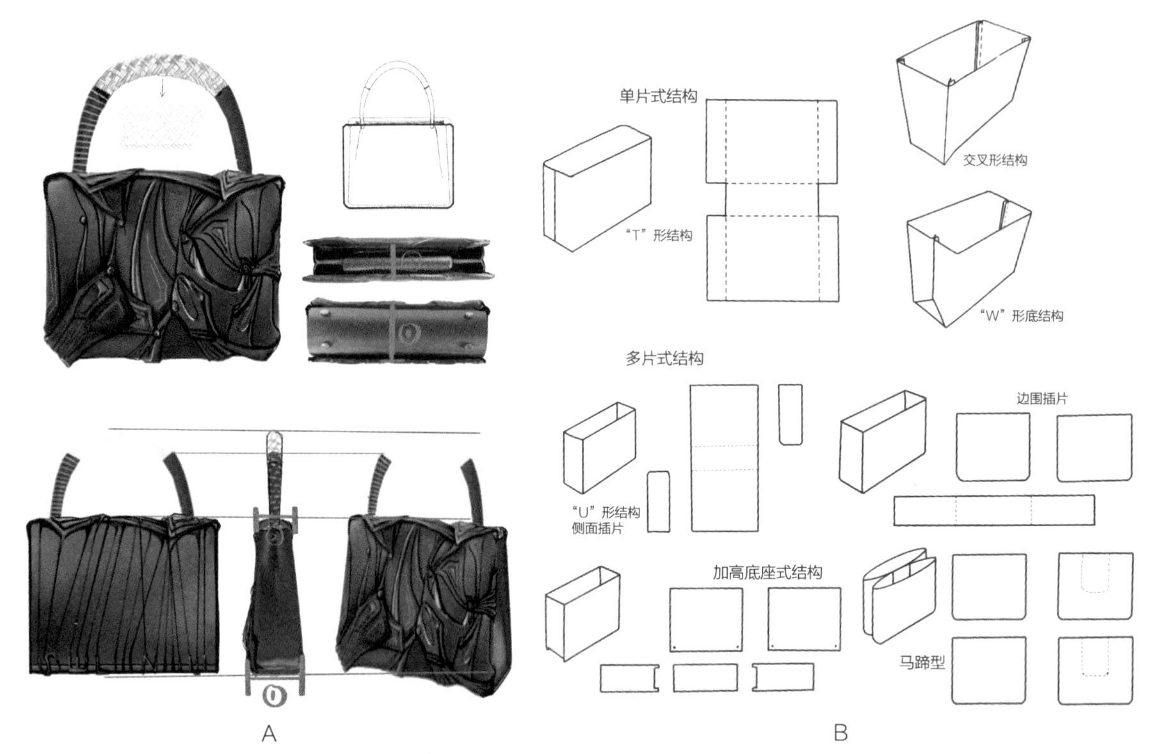

图2-2-20　A手提包设计图范例
专利号：ZL 2021 3 0782190.8
一个包的设计图与首饰类似，要展现多个角度，通常为正视图、侧视图、背视图、顶视图、底视图、角度侧视图，其中对应部分比例相同，内部结构可以用线图表示。
包的效果图表现也可以用3D软件或者用全线稿表现。
B分片结构图解
包的结构分片大致分为：单片式和多片式。常见的单片式结构有："T"形结构，交叉结构，"W"形结构；
常见的多片式结构有："U"形结构侧面插片型，边围插片型，加高底座式结构，马蹄型等。很多包的版型设计是在这几种基本形态之上变化而来的，比如加高底座型中间加一个夹层就是风琴褶包。

种，现在趋于分化，一种市场型的设计，强调实用，变化小；另一种艺术性的设计，造型通常极为夸张。围巾、丝巾的设计点主要是图案，材料多为羊毛、丝、化纤等；眼镜分功能性和装饰性两种方向，如果将功能与装饰有效结合当然是更好的设计。还有一些特殊的配饰，不作为常规配饰范围，但是具有很强的符号化特点，比如，当下的口罩，已经从单纯的防护品逐渐成了装饰性日常用品。作为服装设计基础类教材，本书不做过于详细的配饰介绍。总体而言，配饰的设计要呼应服装系列主题，材料选择、工艺设置都要充分考虑品牌定位。好的配饰设计是服装设计的延续，甚至可以是系列的重点；但是，不好的配饰设计，会喧宾夺主或者起到预期风格理念传达的反作用。

图2-2-21　帽子和眼镜的创新设计

六、设计调整

设计调整需要你试图站在旁观者的角度重新审视自己设计。根据研究显示，让自己和研究对象保持一定的距离，可以激发更好的创作，这也许是我们常说的“不识庐山真面目，只缘身在此山中。”

（一）寻找问题

我们可以从以下几个方向来对照，判断自己的设计是否足够好。

1.创意点的表达

观察自己的设计作品是否能从中体会到你的创意点，是否明确，是否有其他因素影响创意点的表达。

2.分析视觉中心

艺术作品都有其观看顺序，而这个观看顺序应该是创作者在创作过程中有预设的，服装设计也有相同的观看路径。一件服装设计作品，根据设计点的大小、对比等手段，可以形成不同的视觉中心，观看者的视线在服装上不同层级的视觉中心之间的游走，形成观察路径。因此，视觉中心是设计观看路径的关键所在。

服装设计的视觉中心设计有三个维度：数量、取位、题材。设计中心的数量不能太多，层次越多越难区分处理。设计中心的位置要考虑观看路径，根据你设想的路径，安排出不同层级视觉中心的位置。题材不同的服装对于视觉中心的表达也有不同的要求。（图2-2-22）

服装的视觉中心处理一定要根据整体与局部关系以及局部和局部的关系来平衡，关键在于区分主次。在初学设计时，最易出现几个视觉中心无主次、无意图地随意放置在作品中，影响主旨表达。

图2-2-22　视觉观察路径

（二）解决问题

如果发现设计的表现有问题，可以从以下几种角度进行修改：①重新调整设计元素的聚散与疏密；②若出现设计元素过于平行造成视觉呆板的情况，需要将元素安排穿插解决；③设计元素间安排虚实搭配及呼应关系；④对比强弱可以快速区分设计点层级。

设计从乏善可陈到有点意趣，常常需要学习更多东西，体会更深一点，甚至是寻找一个对立面或者是悖论去探讨或者颠覆，以获得一次成长和改变。此外，设计训练要有耐性，这个命题的讨论其实已经超越了设计学习的范畴，事实上，任何的学习过程都需要逻辑、方法、耐性和坚持。

七、样衣制作，试穿改良，定妆拍摄

当设计基本完成，就可以进入样衣制作阶段了，一般在服装公司会有专门的制版间和样衣间。制版间的版师负责纸样设计，样衣间的样衣师负责服装裁剪制作。如果你以为这一部分和设计师无关，你就大错特错了。事实上，再好的版师和样衣师也不可能做出和你的想象一模一样的作品，作为设计师需要跟进全流程。而且，前文也讲过，设计不能结束于设计稿，而是在成衣生产完成前时刻保持设计状态。一个不会打版、不懂工艺的人，不可能成为优秀的设计师。纵观优秀的服装设计师，没有一个不是创意十足，同时技术娴熟的。服装设计的提高，往往是灵性与技巧的交替提高，两者融合越紧密，设计的产品成功率越高，艺术性越强，成为经典的可能越大。

当样衣完成就可以进行试穿（定制类服装需要直接请客户来试穿样衣，通常要两到三次。成衣类一般会让公司里不同号型的试衣模特进行试穿）。然后，根据实际情况，进行设计改良。

最后确定样衣，拍摄定妆照以及制作产品宣传册。作为创意设计类作品，摄影必须表达设计理念，摄影风格应该与作品一致。（图2-2-23）

八、生产制作

当设计、面辅料、版型、工艺都确认好，就可以下生产单了。之后需要将每一个细节交代清楚，安排工厂进行批量制作和生产。通常到这一步，设计师就不再参与了，工厂的生产经理会安排后续的工作。工厂生产完产品，要经过质量检查。合格的产品打包、装箱，然后进入仓储、运输环节。

九、展示陈列，销售

产品到达销售地之后，要进行展示陈列。展示陈列也是一门学问，通常涉及橱窗展示、店内装饰、店内陈列。一般展示陈列需要考虑品牌形象、本季理念、区域分割等。通常主打系列设计在显眼的位置，与主打系列可搭配的款式设计在主打系列附近的位置陈列，经典款式则有较为固定的陈列位置。

如果是学院的练习作业，一般不涉及市场销售，则可以省略从生产到仓储、运输、陈列、销售这一系列步骤。

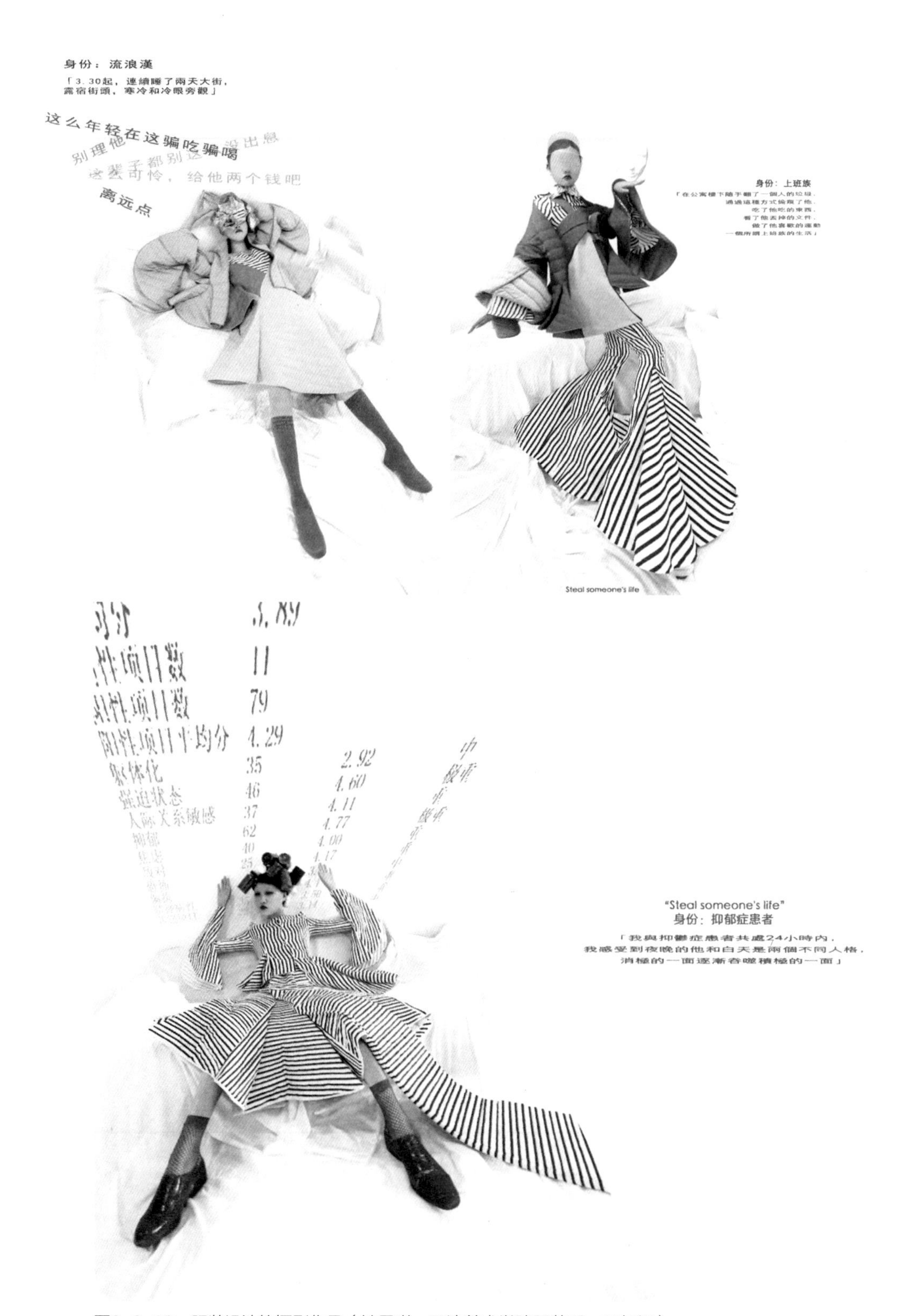

图2-2-23　服装设计的摄影作品（钟雪琪，天津美术学院服装系，四年级）

十、结果分析，更新迭代（准备进入下一轮设计）

服装设计到了这一步基本完成了第一轮设计的全过程，我们要对自己的设计作品做相应的评估，尤其是市场型设计，必须谨慎对待这一环节。往往经典的作品都是经过更新迭代而最终定型的，不要奢望一次生产就能做出没有任何瑕疵的经典款式。而且，就算是非常成熟的款式，也需要不断根据市场的变化进行发展和调整。

练习（七）：综合训练——自拟题目，完成一组系列服装设计

设计要求：女装6~8套（效果图、款式图、设计说明）附配饰（效果图、结构图）。

设计建议：灵感版—主题分析—设计实验—草图拓展—系列拓展—设计调整—设计评价（最后一步设计评价，需要由老师或其他同学完成）

案例示范：（图 练习7-1、图 练习7-2）

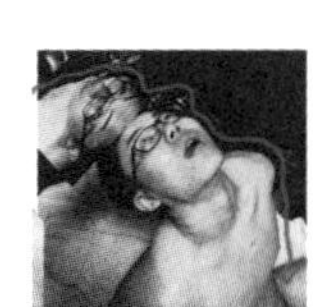

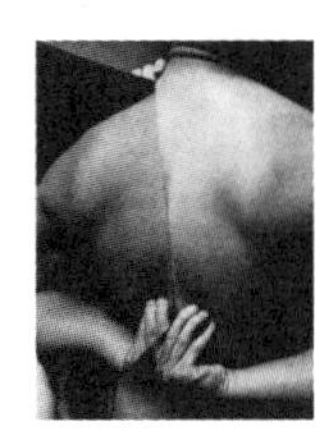

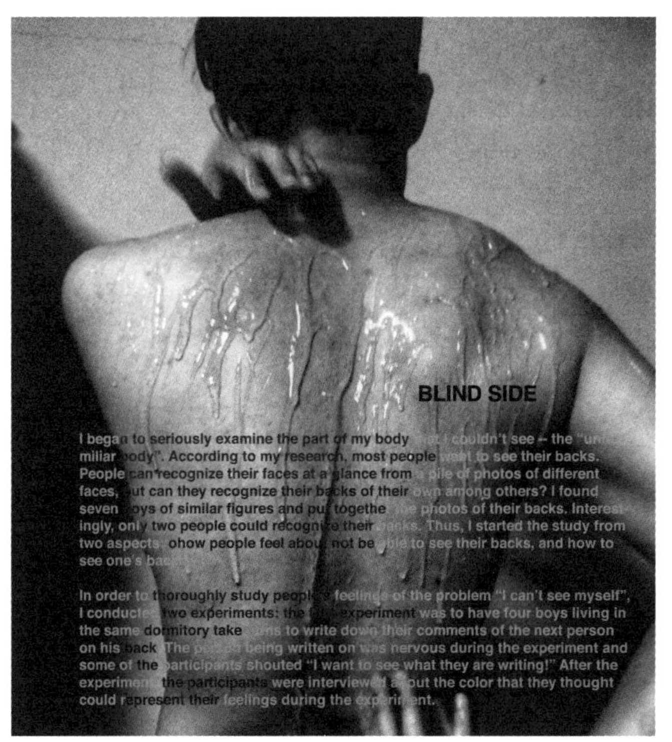

图 练习7-1　完整案例（一）（胡钰，天津美术学院服装系，四年级）

本系列以“死角”为题，从观察那些平时自己看不到的“自己”为灵感进行调研，整个系列具有强烈的实验性特点，完整且具有一定的哲学思考。（续1）

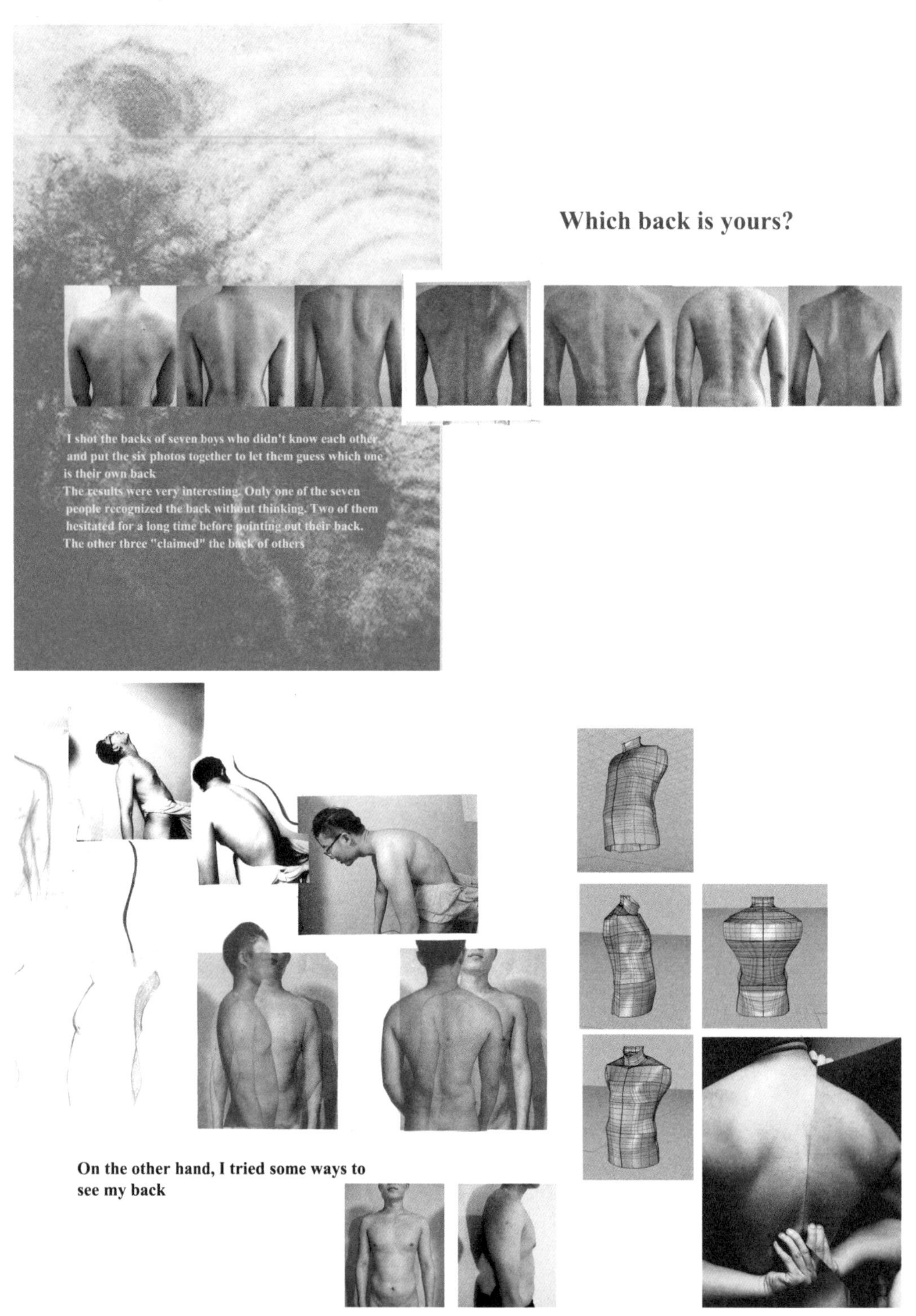

图 练习7-1 完整案例（一）（胡钰，天津美术学院服装系，四年级）
本系列以“死角”为题，从观察那些平时自己看不到的“自己”为灵感进行调研，整个系列具有强烈的实验性特点，完整且具有一定的哲学思考。（续2）

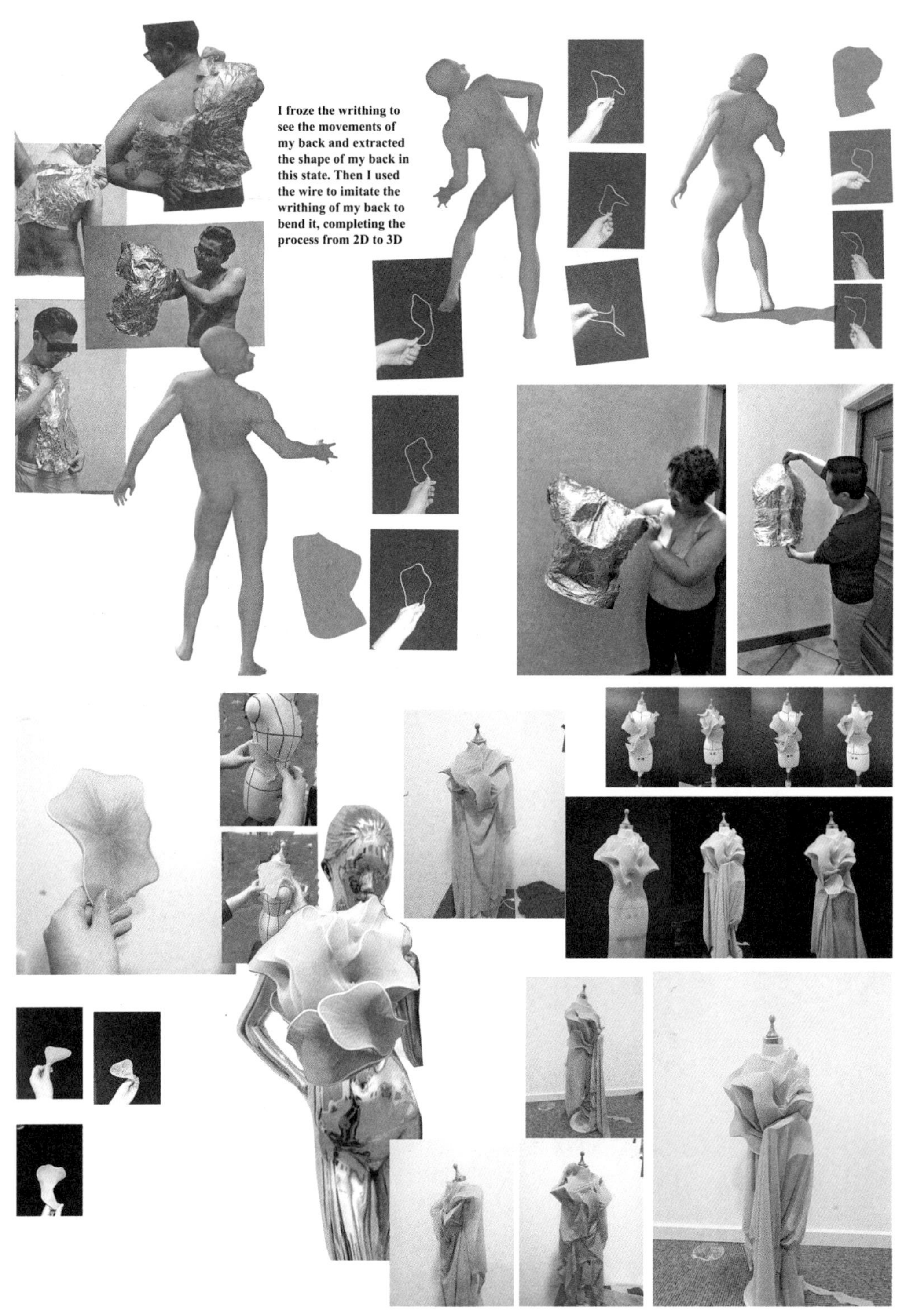

图 练习7-1　完整案例（一）（胡钰，天津美术学院服装系，四年级）
本系列以“死角”为题，从观察那些平时自己看不到的“自己”为灵感进行调研，整个系列具有强烈的实验性特点，完整且具有一定的哲学思考。（续3）

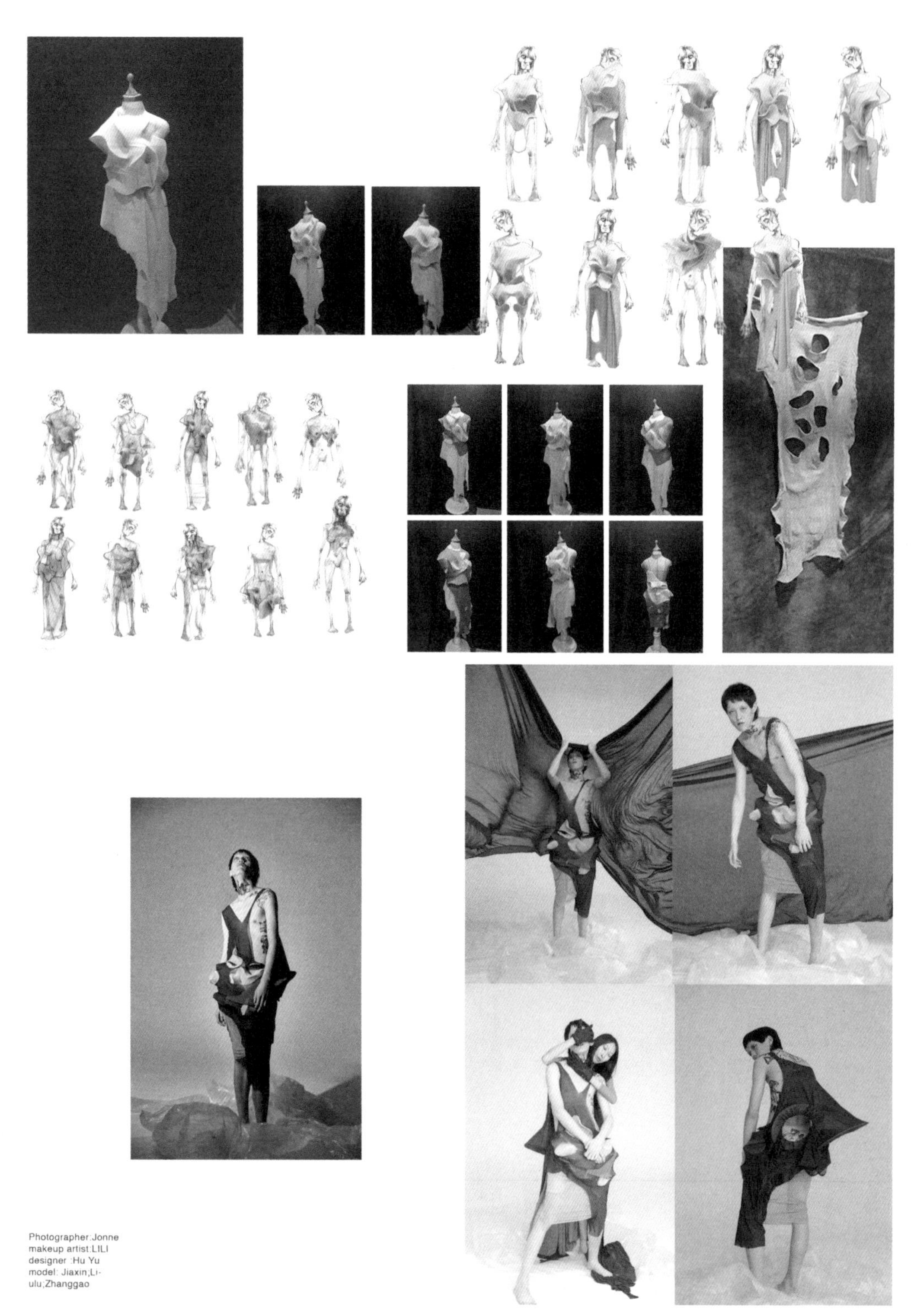

图 练习7-1　完整案例（一）（胡钰，天津美术学院服装系，四年级）

本系列以“死角”为题，从观察那些平时自己看不到的“自己”为灵感进行调研，整个系列具有强烈的实验性特点，完整且具有一定的哲学思考。（续4）

Photographer:Jonne
makeup artist:LILI
designer :Hu Yu
model: Jiaxin;Liulu;Zhanggao

图　练习7-1　完整案例（一）（胡钰，天津美术学院服装系，四年级）
本系列以“死角”为题，从观察那些平时自己看不到的“自己”为灵感进行调研，整个系列具有强烈的实验性特点，完整且具有一定的哲学思考。（续5）

图　练习7-2　完整案例（二）（郑伶西，天津美术学院服装系，四年级）
本系列以“朋克养生”为题，通过循环充气系统进行服装设计，表达年轻一代的“朋克养生”生活方式。（续1）

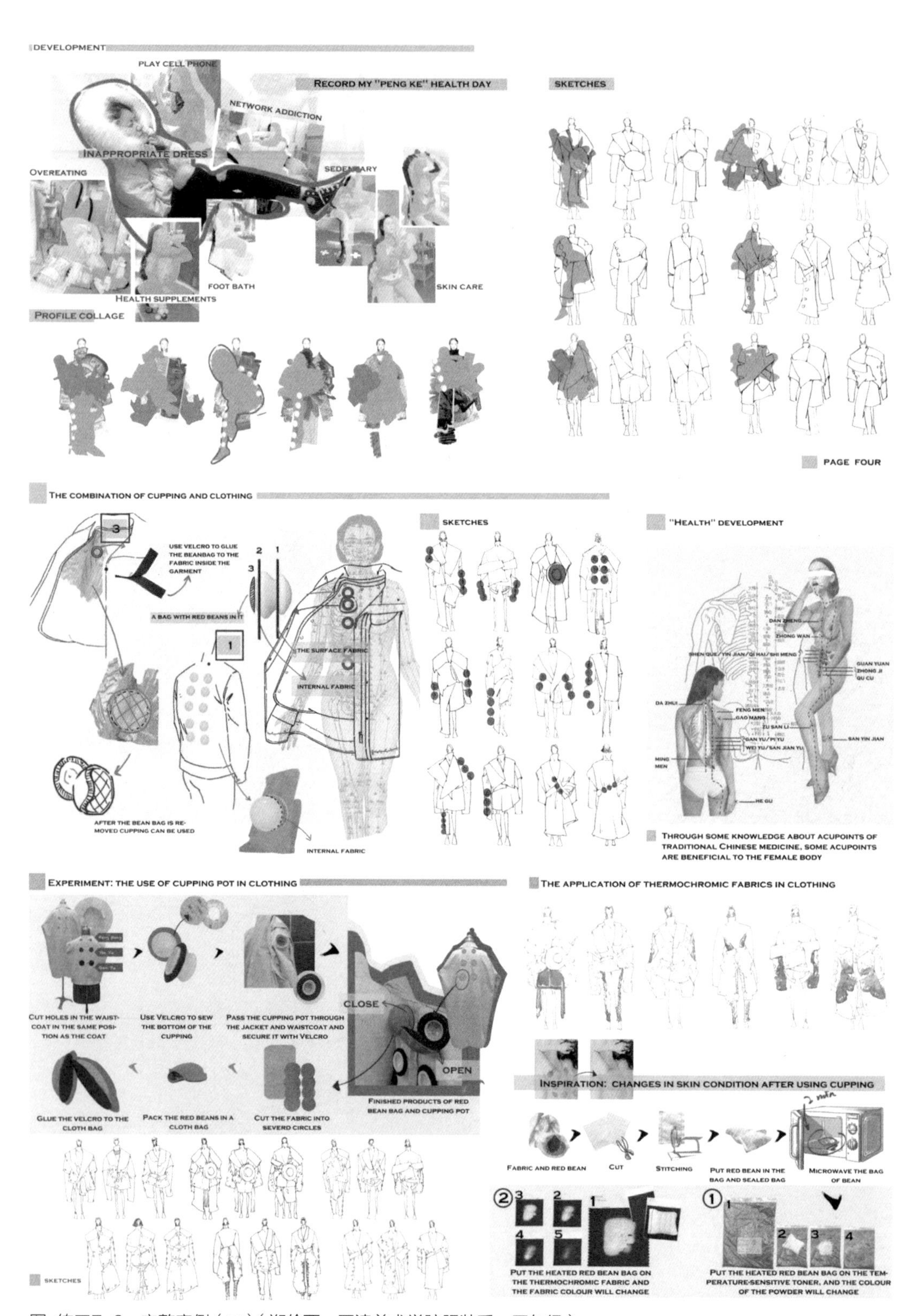

图 练习7-2 完整案例（二）（郑伶西，天津美术学院服装系，四年级）

本系列以“朋克养生”为题，通过循环充气系统进行服装设计，表达年轻一代的“朋克养生”生活方式。（续2）

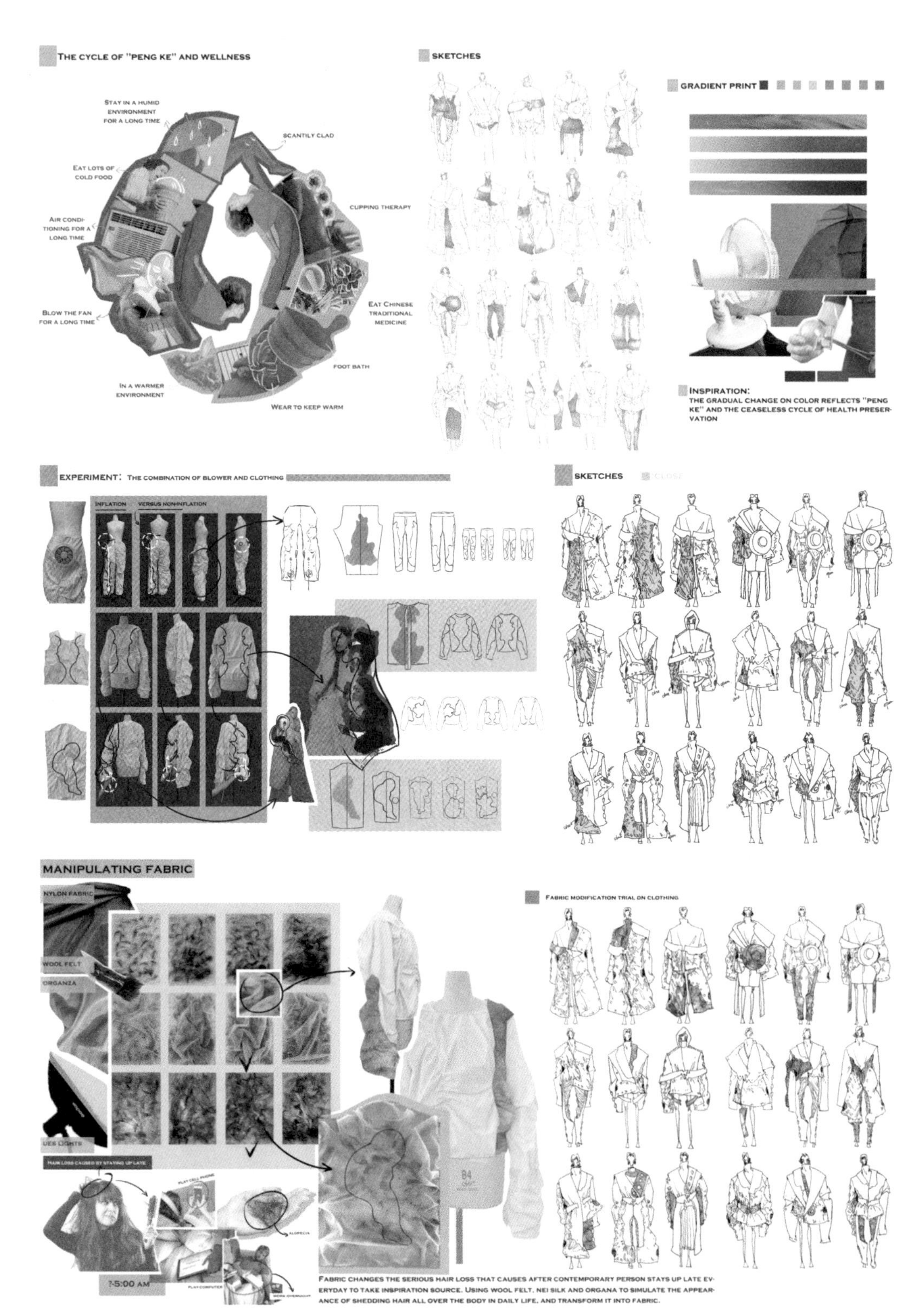

图　练习7-2　完整案例（二）（郑伶西，天津美术学院服装系，四年级）

本系列以“朋克养生”为题，通过循环充气系统进行服装设计，表达年轻一代的“朋克养生”生活方式。（续3）

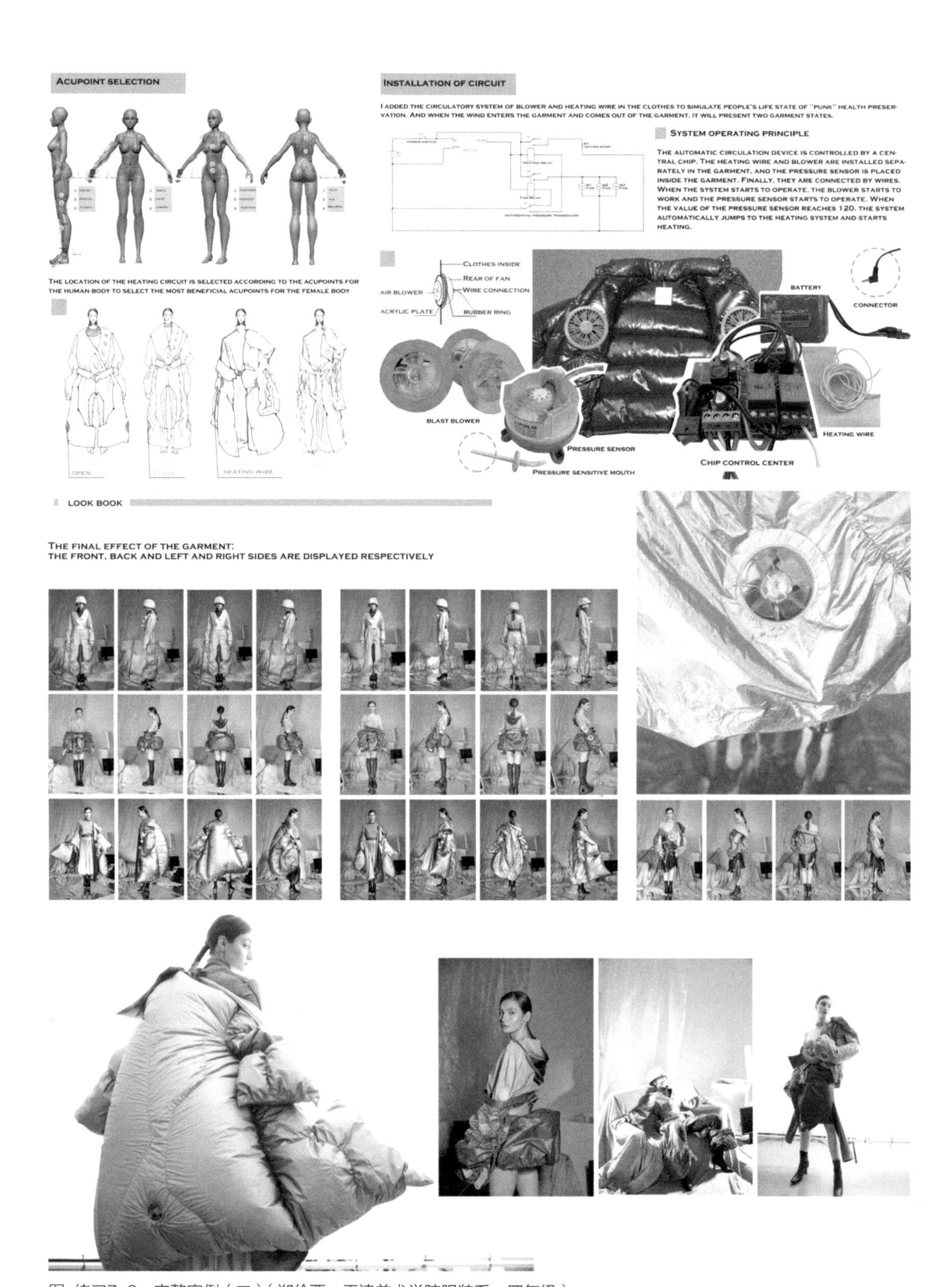

图 练习7-2 完整案例（二）（郑伶西，天津美术学院服装系，四年级）
本系列以“朋克养生”为题，通过循环充气系统进行服装设计，表达年轻一代的“朋克养生”生活方式。（续4）

轻松一刻，品牌介绍（四）：侯塞因·卡拉扬

侯塞因·卡拉扬（Hussein Chalayan）出生于土耳其，是具有土耳其与塞浦路斯血统的时装设计师。作为约翰·加利亚诺（John Galliano）、斯特拉·麦卡特尼（Stella McCartney）和亚历山大·麦克奎恩（Alexander McQueen）的校友，侯赛因·卡拉扬1993年从中央圣马丁艺术学院（Central St. Martin's School of Art）毕业。

侯塞因·卡拉扬是实验性服装设计的代表性人物，他的设计最大的特点就是太过超前。他的设计理念总是关注几乎只能存在于想象中的未来，传达着一种人类文明进化的可能。他拒绝平庸的把戏或者卖弄“粗劣”的艺术，认为一切设计都应该是富有创意的严谨艺术。他的设计手法属于典型的实验性服装设计方法。

实验性设计是近几年比较新型的服装设计方法分类，实验性是西方设计的本源性设计思维产物。西欧的设计艺术是建立在扎根于科学的技术基础上的。这种所谓的科学，不仅是创作对客观的“镜子”式的反射，而且还是一种科学态度——即对过去的东西持有的自豪态度、带有批判的反叛性态度和相信进步可能的进取性态度。以此催生的西方设计，必然存在实验性、革新性、反叛性的本质要求。

《时代》（*TIME*）杂志时装编辑劳伦·戈尔德施泰因（Lauren Goldstein）这样评价侯塞因·卡拉扬：“他开拓别人所不涉及的领域，相对于时尚，他选择务实，相对于奢华，他选择设计。”这道破了当代设计中的一种重要的设计价值判断——**相对于近现代服装设计中的重视“时尚”和“奢华”，当代服装设计更重视“务实”和“设计”**。在21世纪初，在一片叫嚣着“高级时装已死”“服装设计完了”的论调里，只有少数人看清了其中蕴含的巨大的设计潮流及价值。

卡拉扬的第一个被关注的作品是他的毕业设计。这个命名为“正切流”（The Tangent Flows）的系列设计作品是将自己制作的服装和铁屑埋在土里，随着时间的推移，服装的面料、配饰和土壤中的生物接触产生变化，布满锈迹。这些锈迹作为时间走过的痕迹留存在服装上，将抽象化的

图1 “正切流”系列

时间以服装为载体具象地表现出来。(图1)

卡拉扬的毕业设计透出了很强的实验性及哲思性。2000年秋冬，卡拉扬在他的第一场发布会上，以“流浪者”作为灵感，创作了可以穿走的家具系列。在秀场的舞台上，摆放着木质家具，宛如一个普通人家的客厅，模特穿着简单的服饰进入“客厅”，就像参加派对一样。四个模特把沙发套从椅子上拿下来，在解构重组后，将其变成晚礼服穿在身上，然后将沙发底架折叠，变成行李箱，随后她们提起各自的行李箱离开现场。最后一个模特走入桌子中间的洞里，把桌子像伸缩裙一样拉了起来，穿在身上后离开。(图2)

2007年的秋冬秀场，卡拉扬推出了“视频服装”(Video Dress)概念。模特在一片黑暗中穿着发光的裙子走出，这条裙子有内外两层，内层面料被嵌入上万个LED，外层面料与LED灯之间留有一定空间，使LED灯在裙身上显出朦胧的浮动影像(图3)。在这次发布会之后，前沿科技用于服装设计，成为卡拉扬的又一个标志性特点。

2015年10月，卡拉扬将舞台艺术与服装作品结合，设计了“重力疲劳”(Gravity Fatigue)系列，并在萨德勒威尔斯(Sadler's Wells Theatre)举行了全球首演。这个系列在服饰中引入了群体关系的表达，展示了相互纠缠的男人和女人的身体关系，表达的是爱情、疲惫、身体之间的引力和排斥以及生命本身的张力。(图4)

图2 咖啡桌裙子

2016年，卡拉扬与施华洛世奇合作了一个名为“可溶性服装”（Melting Clothes）的系列。开场时，灯光聚集在T台正中的两个白衣模特身上，头顶的水柱开启，白色套装被水逐渐溶解，转瞬间服装变得如纸巾般脆弱，在水流冲刷下逐一开始碎裂、落下、消散。最后露出的是里层服装上由施华洛世奇水晶缝缀的图案。这个系列在探讨服装与身体的同时加入了时间以及生命过程的呈现。（图5）

卡拉扬不仅是服装设计师，更是艺术家。在科技、哲学、机械、戏剧等诸多领域，他进行将其与服装结合的探索，这是实验性服装设计的最典型代表。

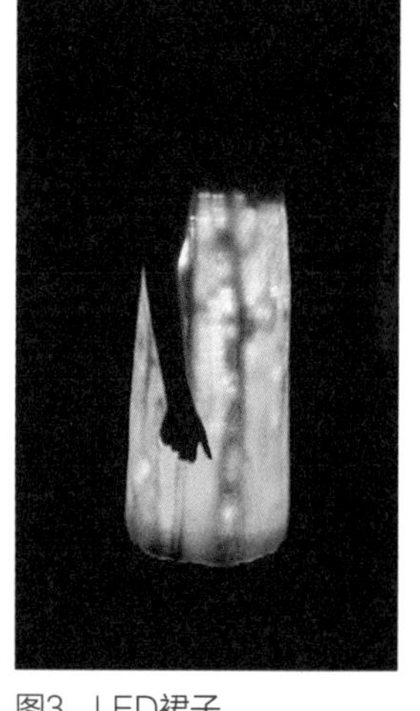

图3　LED裙子

图4　“重力疲劳”系列（左）
图5　可溶性服装（右）

第三节　服装设计中的创新思维培养——让你的设计从初级到深入

在服装设计的学习中，有两个极难把控的能力，一个是审美力，一个是创新力。本书第一章的大篇幅内容，帮助初学者提高服装审美力，现在需要触碰一下更加玄妙的创新力。

一、创意从哪儿来？——什么让你成为创意“能力者”

创意是创造意识或创新意识的简称，亦作“刱意”。狭义上，它是指对现实存在事物的理解以及认知所衍生出的一种新的抽象思维和行为潜能。广义上，它不仅指创作个体的意识，还指通过创新思维意识，进一步挖掘和激活资源组合方式进而提升资源价值的方法。①

1986年，美国著名经济学家保罗·罗默（Paul Romer）曾预言：“新创意会衍生出无穷的新产品、新市场和财富创造的新机会，所以新创意才是推动一国经济增长的原动力。”20世纪开始，知识经济受到了世界各国的重视，英国、日本等国家先后由政府推出了创意产业发展扶持及创意人才教育培养的相关政策。在我国，服装创意经历了由“流于表面”的夸张感性认识，逐渐发展为理性认知的阶段。随着中国经济的发展、服装产业的逐渐成熟以及世界经济对中国经济的影响，我国服装产业必须完成从“单纯创意认知应用”到“形成自我创新体系”的蜕变过程。

（一）创意的相关能力

创意作为一种创新意识，并不是从某一种思维能力获得的，而是在人的智力相关的多种能力的综合作用下形成的。美国斯坦福大学R.H.麦金（R.H.McKim）利用格式塔心理学的成果对创新思维进行研究，得出“设想构绘”模式图，该模型充分表现了“创新设计构思”的加工方式就是“观察”（vision）、“构绘”（composition，可理解为创作组合的过程）、

① 《现代汉语辞典》中国社会科学院语言研究所词典编辑室.现代汉语词典[M].北京：商务印书馆，2016.

“想象”（imagination）三者相互作用的过程。[1]（图2-3-1）

根据“设想构绘”模型，我们把思维能力中与创意关系最为密切的能为归纳为三大类。

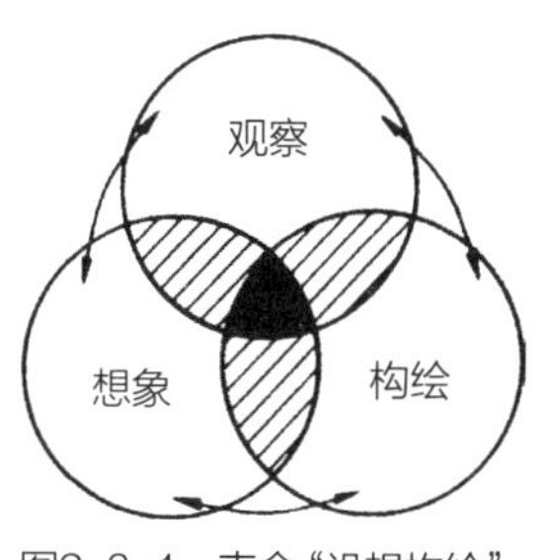

图2-3-1　麦金“设想构绘”模型

1. 观察力与感受力

“这个世界不是缺少美，而是缺少发现美的眼睛。”

——奥古斯特·罗丹（Auguste Rodin）

观察力是一种有意识、有目的、有计划的知觉能力。它是在一般知觉能力的基础上，根据一定的目的观察和研究某一事物的外在特征、内在本质及其构成规律的能力。

观察是一切艺术活动的开始。尽管观察力是所有人都具备的基本能力，但是往往艺术家与普通人从观察对象、观察过程，到观察结果都有很大的区别。这种差别一方面来自先天因素，更多的来自于后天因素。这里说的后天因素主要是指长期的专业学习和训练。

感受力是指从客观事物中获得感受体验的能力，与观察力密切相关、相互影响，并共同组成艺术创作活动的初始能力。往往感受力强或者常常能产生特别体验感受和联想的人更具备艺术潜质。

服装观察力和感受力训练游戏

1. 把衣橱中最喜欢的衣服拿出来，仔细观察，说出喜欢的原因，并试想把这一元素放在自己不喜欢的衣服上，是否能使它变好看，找到一件可以通过这个元素使效果获得改变的服装。

2. 仔细分辨一个品牌或者一个设计师不同系列之间的相同手法和不同手法，将部分看起来接近的元素相互替换，感受替换前后之间的差别。

2. 联想力和想象力

“想象力比知识更重要。因为知识是有限的，而想象力却环绕整个世界”。

——爱因斯坦

① 于佳佳，富尔雅.创新设计思维[M]. 北京：清华大学出版社，2019.

联想是对两个相关或者不直接相关的事物进行相互联系，再加上个人的主观臆想的思想过程。联想力是联想及相继出现的主观臆想的能力。联想分为自由联想和限制联想。自由联想，是不受主观意识控制的，通过既往经验、记忆和思维习惯，从一个事物自然想到另一事物的联想行为。限制联想，是一种有目的、有意向，并在主观意识控制下自觉进行的联想行为。在设计中，两种联想形式都会参与其中，自由联想是依靠先天因素和后天学习训练共同形成的，在实际设计时自然发生；限制联想是设计时重点关注的对象，可以有效促进设计发生。

我们也会发现，有的同学平时很喜欢联想，但是做设计时却毫无想法，这是什么原因呢？因为，有的联想在设计中属于无效联想。无效联想通常有两种：一种是常规联想，一种是无用联想。因此，联想力强不仅是指联想的速度快、数量多，还要产生的多种联想方向且大多具有可行性。

“想象力作为一种创造性的认识能力，是一种强大的创造力量，它能从实际自然所提供的材料中，创造出第二个自然。”

——康德

想象力是在脑海中凭借现有的记忆和信息进行加工，从而能产生新的形象的能力。想象并非像联想一样只想到已有的事物，还能构想和创造未知甚至未曾存在的新事物，是一种创造的心理过程。联想是想象的基础，想象是联想的升华。想象分为无意想象（如走神、做梦、精神病人的胡思乱想等）和有意想象（指有目的性和有自觉性的想象）。

服装设计中的联想力和创造式的想象力都很重要，往往在强调创新的服装设计（如实验性服装设计）中想象力更重要，而在市场型服装设计中更多需要联想力的作用。

联想力和想象力训练游戏

1. 远距离联想训练

远距离联想理论（Theory of associative creativity）认为创造力是将不同的事物、概念或元素重新进行排列组合，并重新建构的过程。远距离联想测验（Remote AssociationTest，RAT）是通过一个中间介质，使几个没有直接联想关系的事物产生联系的实验。最早由萨乐诺夫·梅德尼克（Sarnof Mednick）在1960年前后设计的一种研究创造力问题的测验方法。我们的常规联想往往不适用于设计，因此要训练自己进行远距离联想，以突破自己的惯性思维。

中文远距离联想——给你三个汉字，让你想出另一个可以和这三个汉字都能组成词语的汉字。例如：题目为“竹”“春”“水”，答案为“节”。因为“节”字可以分别和题目中的三个字，组成“竹节”“春节”“节水”。

参考游戏题目：一组人，在5分钟内，想出下面15组词的答案，多者获胜。

1）章，学，艺　　2）吓，龙，慌

3）念，关，疑　　4）滴，节，顶

5）办，排，普　　6）夹，坦，休

7）脚，人，工　　8）分，归，周

9）真，敌，使　　10）开，副，家

11）败，迂，朽　　12）实，然，敢

13）信，量，佳　　14）体，杯，商

15）题，世，候

参考答案（答案不唯一）：1）文；2）恐；3）怀；4）点；5）法；6）克；7）本；8）期；9）天；10）通；11）腐；12）果；13）音；14）量；15）问

物品远距离联想——指定一个事物，说出联想到的另一个事物，但不能是直接关系，例如：指定词为“电扇”，回答“扇子”“电视”等都不好，可以回答“荷花”，因为“电扇”和“荷花”都是“夏天”出现的，有“夏天”做中介，这样的联想就是远距离联想。

以此方法进行服装设计初期的思维导图拓展，可以获得更加有效的发散效果。

2. 一物多用，这是一种非常规联想训练——在规定时间内说出某种日常物品的尽可能多的用途，越不常见但却可行，越好。例如：指定物品为“橡皮”，回答“涂错题”不好；回答“垫桌角”合格；回答“画上圈，当麻将牌用”较好。

3. 想象的神奇之旅—— 一个外星人送给你一个外星交通工具，你觉得它是什么样子，请你画出来。

3. 创造力

创造力，是指运用一切已有信息，产生新思想，创造发现新事物的能力。它是成功地完成某种创造性活动所必需的心理素质。创造力是无穷且多变的，通过一系列的调查研究，我们发现人的创造力是知识、智力、能力及优良的个性品质等复杂多因素综合优化构成的，是可以通过一定方式的训练被激发出来的。

美国心理学家泰勒（K.Taylor）根据创造的内容和复杂程度，将创造分为五个层次：（1）即兴式，偶然发生的，如胡思乱想等；（2）技术式，具有技术性和实用性，用于产品完善、问题解决等；（3）发明式，具有创新性特点，如发明创造等；（4）革新式，通常指理论意义上的革新，如解构主义的出现等；（5）深奥式，是最高境界的创造，要形成全新完整的原理和学说，如量子论、相对论等。

根据以上理论，服装设计基本属于技术式创造。少数服装原创设计在技术上有突破或者对社会产生广泛价值的，属于发明式创造。极少数在理念上具有全新的设计主张则属于革新式创造活动。

心理学家克尼洛（Kneller）对于富有创造性的人进行研究，结果总结出12个特点：**智力中等**（并不超长）；**观察力强，感受敏锐**；**思维流畅**，想法多；**变通性好**，能够举一反三；**独创性好**，有独到见解或解决问题的办法；**思考深入**，精益求精；具有**批判性**精神；**持久性强**，能坚持；**游戏性心态**，童心不泯；**幽默感强**；**善于独立思考**；**自信心与抗挫性强**，遇到困难不改初衷，不达目的不罢休。尽管这些特点总结并不是绝对的，但是确实具有一定的规律和研究意义。我们努力塑造创造性人格，才能更好地获得创造意识和能力。

创造力训练

1.讲故事训练——用十分钟时间，写出三种截然不同的并包括公主、青蛙、苹果、树、纺车、狐狸、恶魔、豆秸、镜子九种物品的故事。越荒诞越好，三个故事区别越大越好。

2.《x+1=x’》训练——找到不同艺术专业的同学，三位以上。首先，给第一位同学欣赏一个艺术作品（如一幅画、一首乐曲），让第一位同学根据这个作品创作一个自己专业的作品。然后将这个作品给第二位同学看，且不告知作品的原灵感，让第二位同学根据第一位同学的作品，创作一个自己本专业的作品，交给第三位同学，以此类推。到最后一位同学完成自己的创作，与最初的灵感艺术作品及前几个同学的作品放在一起展览，这个类似于“传声筒”的艺术传递很能激发非常规创作。

（二）创意的起点

在生活中，我们常常会有一些创造力的发端，但是往往被我们忽略，有哪些是值得我们重视并有意识发掘的创意信息呢？

1. 不要看不起自己的“小创意”

“地铁玻璃窗里的影像，模糊又有型，好像一个特别的服装”——不要小看这种“没什么了不起”的创意，这是你发现设计灵感的能力，并不是所有人都能通过这个影像联想到服装款式，能把他付出实践的更是少数人，这是我们值得收集并鼓励多做的观察感受训练。

2. 回到最初——像孩子一样涂鸦

涂鸦是一种开发创造力的好方法，随意的笔和随意的纸，没有计划地随意勾画，是一种很好的放松设计，很多有趣的设计都是在废纸上诞生的。

3. 具象与抽象之间的转化

常常将具象的事物画成抽象形态，再将抽象形态想象为某种具体事物，这样的训练可以提高双向思维能力。

4. 了解是创造的基石

保持好奇心，时刻学习，坚持思考，发现身边最了解的事物的特别之处是创造发生的基石。不要看不起身边的生活，不要拒绝向他人学习，不要认为模仿是低级的，不要从一开始就希望创作出石破天惊的作品。创作是一个过程。如果你只是借鉴了一个作者的作品、这是剽窃，如果你是借鉴了许多作者的作品，这是学习、调研。这里说的借鉴是指调研分析的过程而不是生搬硬套的抄袭。相比二手调研材料，更好的是真实独特的一手调研材料，这方面在前文已经提过。

（三）阻碍创意产生的思维

阻碍创意出现的原因有很多，主要的思维有从众思维和惯性思维。从众思维是从态度上疏于学习、懒于思考，从能力上，学识有限，经验不足。惯性思维是指不进行有效训练的刻板印象思维。我们应该主动克服阻碍，才能催生创意。

二、服装设计中的思维模式——深入分析不同设计之源

（一）思维与服装设计思维

思维在心理学上的解释是人脑对客观事物间接的、概括的反映，是人的认识过程的高级阶段。[①]广义上包含人脑对客观事物的反映和反作用。

伊万·彼德罗维奇·巴甫洛夫（Ivan Petrovich Pavlov）认为大脑皮质最基本的活动是信号活动，从心理学角度可将条件刺激分为两大类：一类是现实的具体刺激，称为第一信号；另一类是抽象刺激，称为第二信号。第一信号系统主要形成形象思维，第二信号系统主要形成抽象思维。因此，思维的基本构成形式可以分为：**形象思维**和**抽象思维**。①形象思维，是以直观形象和表象为支柱的思维过程。②抽象思维，是指运用概念进行判断和推理的思维形式，是对事物本质属性的反映。

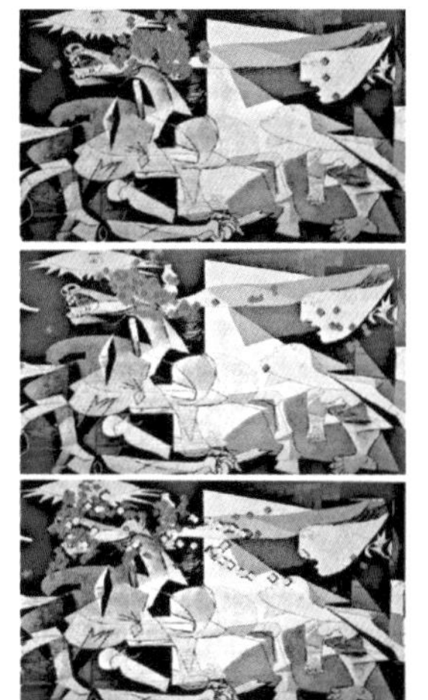

图2-3-2 观察实验（选自大泽幸生，西原洋子.斯坦福设计思维课2——用游戏激活和培训创新者[M].北京：人民邮电出版社，2019.）让实验者带上眼球追踪器，观看毕加索的抽象画《格尔尼卡》。我们会发现，一开始被实验者的眼睛先在比较容易分辨出形体的马头和人头之间快速移动。然后，很快在两者间形成了一条观察线。最后，确定这条观察关系后，眼球运转变慢了，说明基本思维已经形成。

根据人的第一信号系统和第二信号系统的不同特点，人们不同思维模式的天然因素，就是由这两种思维形式的不同比例而产生，可以分为三种类型：艺术型（第一信号占优势，善于想象，属于具象形象），分析型（第二信号系统占优势，善于用概念进行判断推理、把握现实），中间型（兼具两者，大多数是中间型）。

根据实验表明，思维的产生过程大致为：接受—分析—反映（图2-3-2）。思维参与服装设计的过程大致为：经验—抽象分析—图像解释。这其中包含形象和抽象两种思维模式，但更多的是形象思维的作用。

（二）服装设计思维模式的发展历程

服装设计的发展中，思维大致经历了工艺艺术思维设计阶段，工业革命后的理性思维设计阶段，当代的综合性思维设计阶段。

1. 工艺艺术思维阶段

早期的服装设计应用最多的是工艺艺术型思维，大都以经验设计与直觉设计为主，借助草图、图表、手册等工具进行设计。文艺复兴之后，受古典主义影响，服装注重比例、款式、细节元素等，这些都是现代设计发展中初级阶段表现出来的特点。这些设计手法现在还会沿用，作为某种价值评判标准，也仍旧在一些固定服装品类（如高级定制礼服）和消费群体中广泛应用。但是，现在工艺艺术型思维只有在设计手段相对滞后的设计群体中才会成为单一化的主流思维模式。

① 于国瑞. 服装设计思维训练[M]. 北京：清华大学出版社，2018.

2. 理性思维设计阶段

以工业革命作为节点，社会需要源源不断的设计来满足机械生产的需要。加上思维启蒙运动催生了理性主义，设计开始强调思维的价值和方法程序的重要性。此时的服装设计注重研究服装与人的关系，并开始探索设计思维在服装设计中的模式。这个时期的设计开始稳定地发生，同时也产生了过度程式化的问题。无疑，工业化是对艺术性的一种消解。自此，工业化与艺术化的对峙，成为设计讨论的永恒话题。

3. 多元化思维

现代设计价值和类型的多样，使得设计思维模式变得多种多样。无论是过于直观的艺术思维，还是过于程式化的理性思维，单一的思维模式都不能满足当下设计的需要。而且，技术时代的深入垂直的底线，使我们的设计已经不用取悦大多数人或者试图取悦每一个人，而是取悦某部分人就可以，这就催生了大众化设计和多元化设计思维。

（三）服装设计中的创新思维形式

创新是指人们内在的创造力形式，而不是单纯的创造性活动。服装设计中的创新思维有很多种，我们按参与设计大致的时间先后分为：多项思维（发散思维），侧向思维，逆向思维，比较型思维，聚合思维五大类。

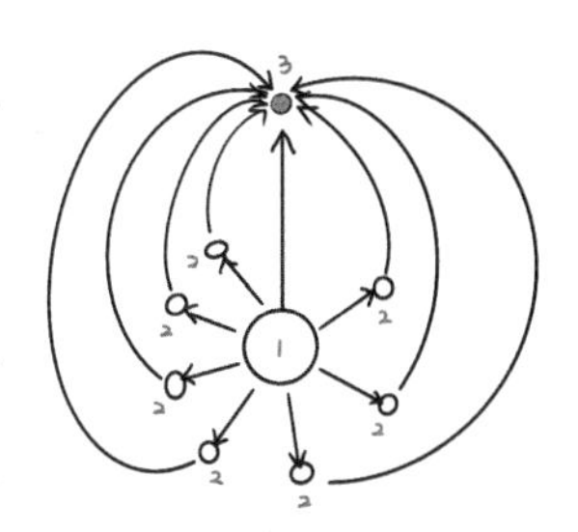

图2-3-3　多项思维示意图　第一步，假定某种开始的因素。第二步，从1发散为多种方向的思考。第三步，是从各种思考中最后形成设计。

1. 多项思维

多项思维（也称发散思维），就是从已经明确或被限定的某些因素出发，进行各个方向、各个角度的思考，设想出多种不同方案的思维方式，最后形成设计的思维过程（图2-3-3）。多项思维是创意发散阶段的主要思维形式，适用于拓宽主题联想，常见的方法包括头脑风暴和思维导图。

多项思维直接应用在服装设计中，主要侧重自身领域内（服装领域）的研究，对不同类型风格产品进行比较，选择适当的构成法则去重新设计，形式分为多元（设计结构上的变化）和换元（元素上变化设计）。（图2-3-4）

图2-3-4　夹克短小精炼，长大衣保暖，用拉链将两者链接起来，使之兼具两者的优点。

2.侧向思维

侧向思维是指利用服装之外的信息，从其他领域或者其他事物中得到启示而产生新的思路（图2-3-5）。侧向思维在服装设计中的应用分为两种情况。

（1）使用侧向思维寻找主题。

例如：俄罗斯设计师沙诺 · 丽莎（LISA SHAHNO）设计了一个灵感来源于“分形宇宙理论”的系列。

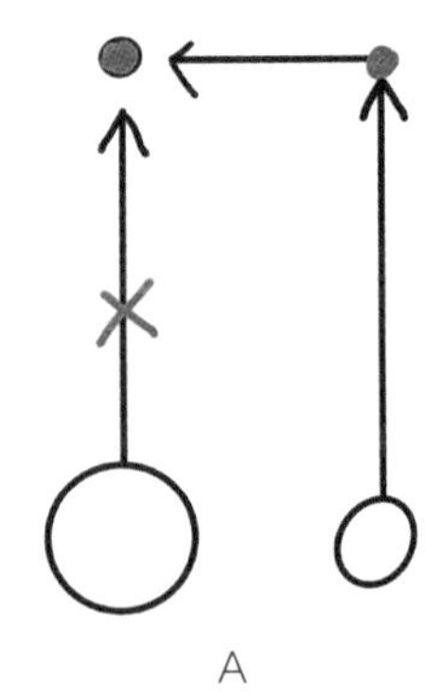
A

17世纪著名的哲学家兼数学家、物理学家莱布尼茨（Gottfried Wilhelm Leibniz）发表了叫作单子论（Monadology）的独特思想。这个思想是指，宇宙由无数个单子（Monad）构成，每一个单子里面有一个完整的宇宙。那么，一个粒子如果在其里面又包含着一个完整的宇宙，那个宇宙会由更小的无数个粒子构成，而在每个粒子里面又会有其他更小的宇宙。这样的过程会无限反复，从而，就可称之为分形结构了。这个分形结构给予设计师的灵感是，同一个元素的无限复制可以产生无限的设计可能。（图2-3-6）

B

图2-3-5　侧向思维（A示意图，B示例图）
A图中大圆为服装领域，侧向思维没有直接导出设计，而是从旁边的小圆圈位置（表示其他领域）导向一个中间元素，然后导向最终的设计。比如B为伊夫·圣洛朗（Yves Saint-Laurent）借用皮特·科内利斯·蒙德里安（Piet Cornelies Mondrian）的画进行的服装设计，将衣服的接缝藏于色块的分割线中，表达了极简的美学概念。

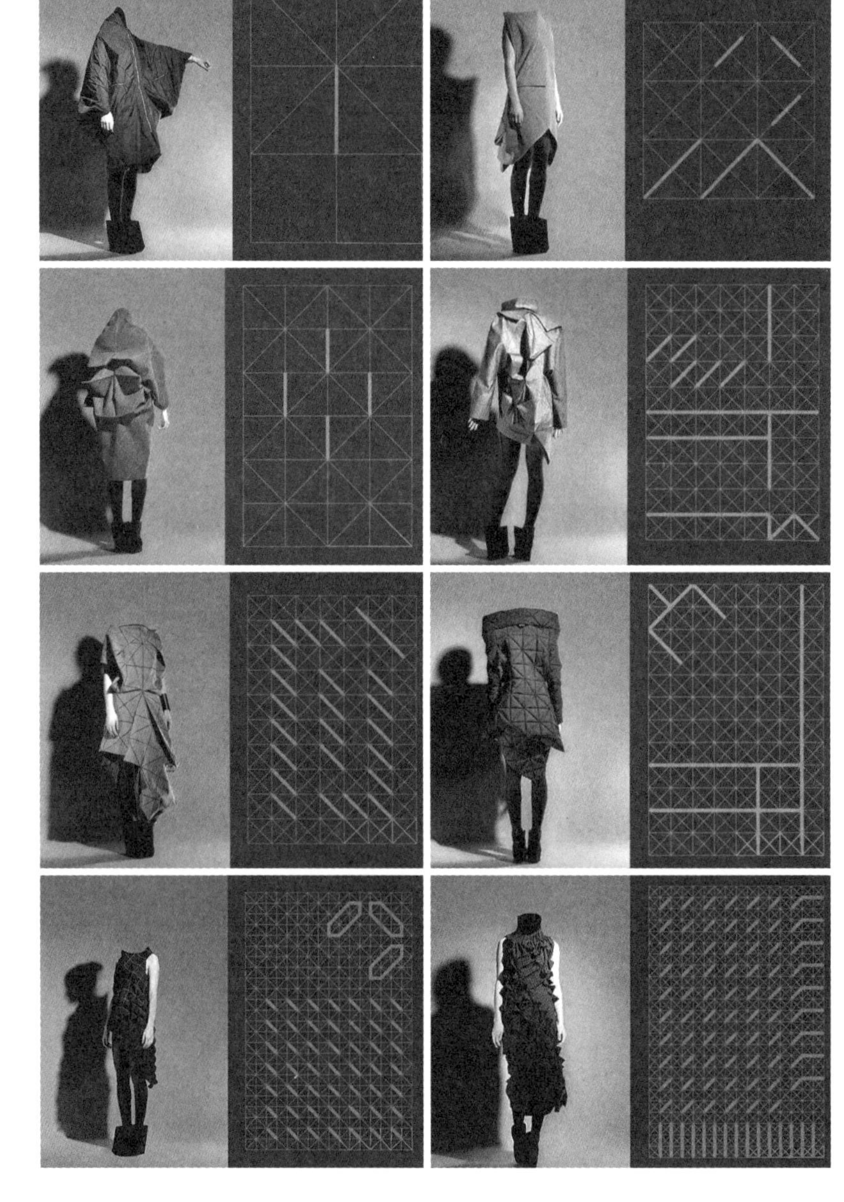

图2-3-6　以“分形宇宙理论”为灵感的服装设计

（2）用侧向思维解决问题的角度进行设计

例如：三宅一生希望设计出可以方便携带、不用熨烫、不怕褶皱的服装。于是，他借鉴了折纸的元素，将服饰设计成可以从三维立体形态折叠为二维平面形态的服装。（图2-3-7）

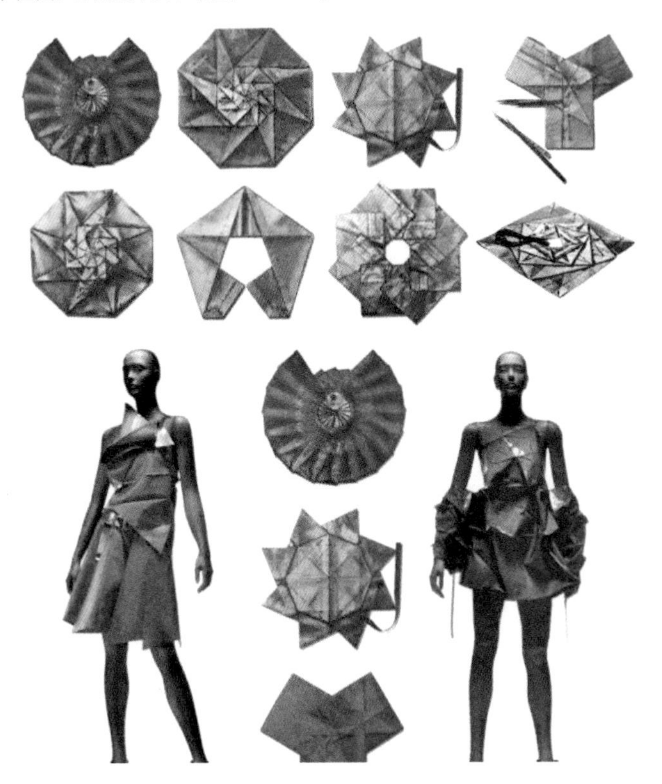

图2-3-7　三宅一生的设计

3. 逆向思维

逆向思维也叫反向思维，就是按照人们习惯的思维走向进行逆向思考，从而打破思维定式的束缚，构想一些出乎人们意料的新方案的思维方式。这种思维方式常用于转化设计阶段。（图2-3-8）

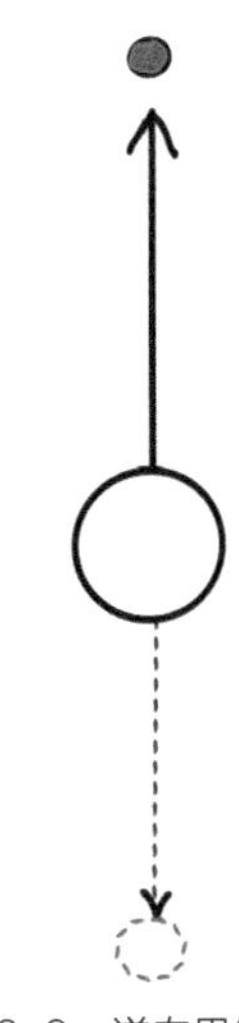

图2-3-8　逆向思维示意图

逆向思维的应用主要有两种形式（图2-3-9）：（1）设计思路的反方向；（2）设计元素的逆向，即元素打散重构。

4. 比较型思维

比较型思维是通过比较进行分析指导设计，适用于设计分析阶段，分为横向比较思维和纵向比较思维。

（1）横向比较思维又称同时性思维，应用形式是通过同期、同类服装的不同之处的比较进行设计。例如：旗袍是将同时期中西女装进行对比综合，兼顾西方合体型和东方美而出现的。

（2）纵向比较思维又称历时性思维，应用形式是对不同时期的相似

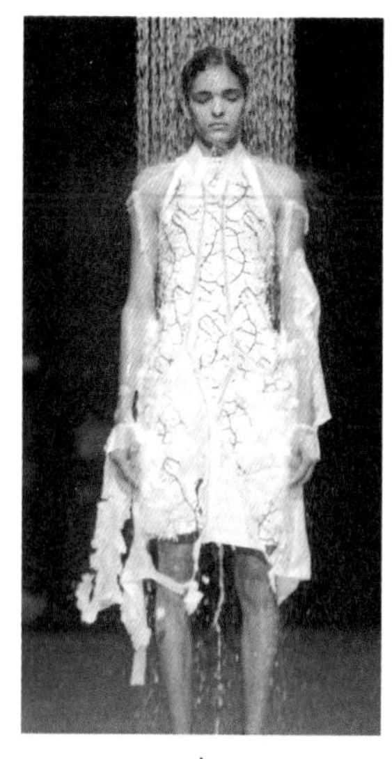

A

B

图2-3-9 逆向思维
A为设计思路反向：通常服装设计表现的是从无到有的过程，而该设计用可溶面料制作，表现的是从有到无的过程。
B为元素逆向：通常服装面料有正反两面，该设计将朝向里的一面反转到外部，面料正反两面在应用中互为内外。

服装比较分析、进行设计。例如：流行性研究通常是通过对不同时期的服装变化进行分析，获得结论并指导未来发展趋势设计。

5. 聚合型思维

聚合型思维是在掌握了一定材料和信息的基础上，对其进行资源整合，朝着一个目标深入思考，主要用于分析归纳和设计整理阶段。聚合型思维主要注意两个方面。

（1）注意时机。只有前期的调研充分“跟着感觉走，才能抓住梦的手”。过早进入聚合思维状态会造成设计创意不足。

（2）设计调整要注意视觉中心的布局，主动引导视线流动，并且一切调整以整体的风格表达为中心，不能“因小失大”。

（四）“设计思维”及其在服装设计中的应用

敲黑板时间——这里说的“设计思维”并不是设计师的思维，而是指一种思维形式，这种思维形式在今天甚至不是设计师的专属，而是整个社会普遍需要的一种工作思维模式。

“设计思维”一词首次出现在1987年，哈佛设计学院当时的院长彼得·罗（Peter Rower）的《设计思维》（*Design Thinking*）一书中，而设计思维的应用要更早一些，大约可追溯到18世纪60年代，也就是工业革命时期，因为那是现代设计真正意义上出现的时候。今天谈及的“设计思维”核心是解决问题，并且强调回到问题本质上来解决。例如：以马车为主要交通工具的城市，马粪处理成为城市的一大负担，要想办法处理马粪。经过分析可以发现，问题的本质其实是出行或者交通的问题。于是，汽车的发明代替了马车，马粪问题得到彻底解决。这种问题导向的思维模式用于设计则表现为：以移情为始发，以结果为导向，形成以人为本（用户中心）的创新方式。

现有“设计思维”的学院模式以综合型设计为主，逐渐趋于专业化设计思维模式探索。

1. 综合产品类型应用

“设计思维”因其强调作为一种工作方式的思维，而不是具体专业的思维，所以大多是以跨专业形式，解决问题为目的进行设计。设计主导者来自什么专业不重要，能解决问题就好。通常的具体设计流程为：调研（发现问题和切入点）—分析整理、拓展—原型—测试、改良—更新迭代。

调研：以用户为中心，不是以“用户调研表”为中心。例如汽车出现之前，没有一个用户可以在用户调研表格里写下“我需要一辆汽车”的文字，尤其在低端市场，体会用户需求比调研用户需求更有价值。

分析拓展包括思维导图和头脑风暴等多种形式，带来足够多的想法是做出好的原型的基础。

制作原型的过程中出现的新问题和瓶颈让设计进一步完善成熟，使更新迭代成为可能。

测试，改良到更新迭代体现了当下这种设计思维对于从“提出问题”到“解决问题”的要求，贯穿设计全程，使设计发生在整个过程的任何阶段，而不是在原型出现就停止。并且，产品不能一成不变，要随用户的要求而变化。

经过60多年演进，设计思维在美国、德国、中国等多个国家和地区相关教学中有所实践，2005年，美国斯坦福大学成立了世界第一所设计思维学院D.shool。D.shool的教学机制和课程设计不同于寻常设计学院，不提供学位教育，其宗旨是以设计思维的广度来加深各专业学位教育的深度，其项目目标不是商业，而是社会问题。斯坦福的一个经典案例是为尼泊尔和北印度等地区设计的25美元早产儿保温袋（图2-3-10）。

图2-3-10　早产儿保温袋

（1）项目背景：全球每年诞生2000万体重过低的早产儿，其中，有超过100万的早产儿会在出生一个月内早夭，98%的夭折现象都与贫困有关。

（2）创新过程：设计团队深入孟加拉等问题严重地区，实地考察。调研发现，一些婴儿家庭承受不了价格较高的婴儿保育箱，而更多死亡于从家到医院的路上。由此，他们决定设计一个不需要耗电，方便运输，价格便宜的婴儿保育箱。

（3）原型制作：设计团队成功研发了便携式育婴保温袋。使用上简单、安全，一次充电可使婴儿体温维持在37℃长达4~6个小时；价格低，大约25美元，仅是传统婴儿保温箱的1%；能反复使用，符合环保要求。

（4）反馈：这一产品已经拯救超过2万名婴儿的生命，获得了多个奖项，受到好评。

斯坦福大学设计学院（D.school）的姊妹学院是德国波茨坦大学的设计学院，他们都是HPI（哈索—普拉特纳研究所，由总部位于德国的世界知名企业SAP的创始人以自己名字命名）冠名的，设计思维方法整体上相同，但是波茨坦大学更专注于“设计思维×商业社会×动手能力”的研究方向。2012年，中国传媒大学与波茨坦大学进行合作，将设计思维教学体系引入中国。

2. 服装方面的“设计思维”探索

“设计思维”还处于“年轻”的阶段，但是“设计思维”专业化是一个必然的趋势，因为，“设计思维”不是为了“去专业化”，而是更加需要各专业极其成熟以配合完成它的创造性要求。现阶段，“设计思维”在服装专业的应用探索主要分为两个方向。

（1）在服装设计流程上的应用

对于产品型的服装设计，以“设计思维”模式进行流程设置，一轮设计过程大致经过：调研—分析拓展—设计实验—制作生产—反馈迭代（准备进入第二轮设计）这样以此类推，再进行纵向深化设计（图2-3-11）。具体深化设计的着眼点主要有：①旧物改良服装设计；②服装搭配设计；③特殊服装的穿着方法设计。

（2）服装与其他专业的跨专业设计。典型范例是（英国）皇家艺术学院的软材料系（Royal College of Art Textiels Soft System），该专业方向是皇家艺术学院的研究生专业，招收的学生来自不同的本科专业背景，以项目式设计为主，团队协作，不限制作品形式，很多作品输出为服装和材料设计相关的产品。以下为设计思维模式下的服装相关案例。

①问题调研：旧皮革产业中，无论是动物皮革还是人造皮革，都因高污染而饱受争议。

②解决方案：环保“皮革”替代旧皮革，选择天然材料和废品材料，通过添加物和提纯过程，形成环保“皮革”并制作服装（图2-3-12）。

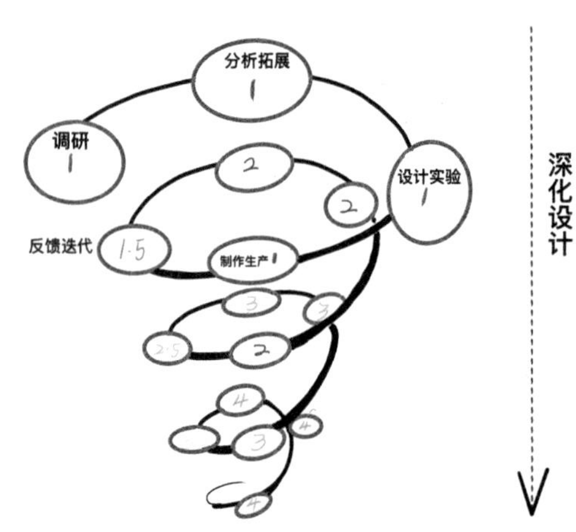

图2-3-11 “设计思维”服装专业化模型（图中数字代表第几轮设计）

当下的这种“设计思维”模式的优势是有利于创新的固定发生，适合产业发展的需要，劣势是容易过于程序化，与创新的初衷背道而驰。“设计思维”的历史比较短，加上中文翻译，容易将“设计思维”的概念窄化为当下这种适应工业化而出现的问题导向“设计思维”。“设计思维”既不等同于某一种“思维模式”，也不是一成不变的，未来会有更多的设计思维不断迭代或同时存在。具有设计思维意识，理解设计思维在工作中的价值，要比严格按照当下设计思维模式来固定设计流程有意义得多。

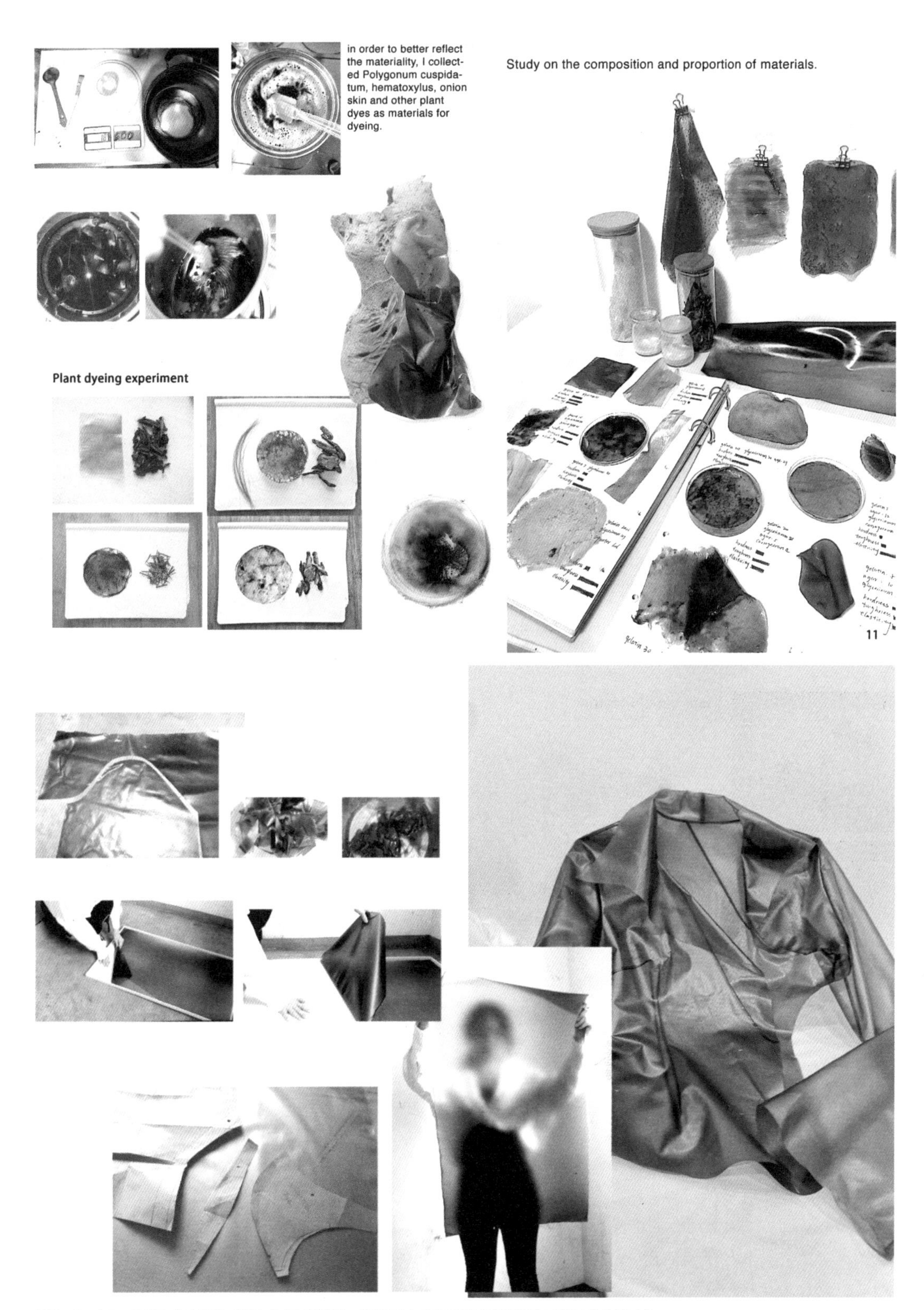

图2-3-12　环保“皮革”设计作品 [胡钰,（英国）皇家艺术学院软材料系]（续1）

图2-3-12 环保“皮革”设计作品 [胡钰，（英国）皇家艺术学院软材料系]（续2）

图2-3-12　环保“皮革”设计作品 [胡钰，（英国）皇家艺术学院软材料系]（续3）

3. 不同“设计思维”下的设计观

（1）科学主义（理性派）

科学主义设计观又叫理性设计观，认为设计过程是一项理性的科学探索过程，其主要代表性设计流派是理性主义、后科学主义和结构主义。

（2）人本主义（感性派）

人本主义是以19世纪德国费尔巴哈（Ludwig Andreas Feuerbach）和俄国车尔尼雪夫斯基（Nikolay Gavrilovich Chernysheysky）为代表提出的哲学学说，既反对把物质看成第一性，也反对把灵魂看成第一性，因此，他们提倡尊重生物学意义上的自然人，也强调社会学意义上的社会人，认为设计应该从人的角度出发，解决实际问题。代表性设计为解构主义、后现代主义、仿生主义（现象学）。

（3）技术主义（经验派）

技术主义又叫经验设计，主要是基于对技术和艺术关系讨论而出现的，他们认为技术和艺术分别从属于物质生产和精神生产的不同领域，产品设计活动的本质属于一种技术活动，但是他们又作为构成要素，共同融入服装设计之中，在服装设计中强调技术的重要性，即强调服装的产品属性。主要代表性流派是高科技主义、技术乐观主义、技术拿来主义。

☞ 本章自测

1.完成本章节所有的设计训练，并进行自我评价，针对有兴趣的题目进行深入的设计更新。

2.梳理适合自己的设计流程和设计方法。

3.坚持创新思维的训练，深入挖掘自己的思维特点和设计风格。

4.推荐延展学习：中外服装史，服装效果图技法，服装立体裁剪，服装纸样设计，服装材料学，服装工艺制作，服装品牌营销，服装展示陈列。

轻松一刻，品牌介绍（五）：约翰·加利亚诺

图1 约翰·加利亚诺

约翰·加利亚诺（John Galliano），时尚界外号“海盗爷”（图1），1960年11月28日出生于直布罗陀，1984年毕业于中央圣马丁艺术与设计学院。1985年建立同名品牌，1988年曾被评选为英国年度最佳设计师。加利亚诺曾任迪奥首席设计师，后于2011年3月1日因酒后失态被迪奥开除。

约翰·加利亚诺的设计标新立异，极具戏剧效果，作品多以不规则、多元素、极度视觉化等形式出现，具有浪漫主义风格。其在迪奥任首席设计师期间的作品成功完成了“将品牌年轻化”的任务，获得了很大的商业价值，而其作品的艺术价值则更胜之。

2004年，迪奥给了加利亚诺巨大的发挥空间，他以埃及作为灵感源，帝王谷、开罗、阿斯旺、卢克索、埃及的金字塔、狮身人面像、纳芙蒂蒂王后、法老王、壁画、木乃伊……统统成了加利亚诺的设计元素。（图2）

2005年秋冬高定系列，这场秀是向迪奥先生诞辰100周年的献礼。秀场充斥着透视和肉色塑身衣，比“新样式”（new look）更加夸大的轮廓，既致敬前辈又获得革新。系列中有9个主题，其中在“创造”（creation）主题中，服装细节处留着打版笔迹和缝纫线头、针线叉等，这次对高级定制审美的解构，大胆创新，作品既华丽又个性。（图3）

2007春夏高定系列，加利亚诺以意大利歌剧《蝴蝶夫人》为灵感，整个系列以日式元素为主，创新地将折纸艺术应用于服装设计，捆绑出另类的压抑与扭曲之美，用服装高级定制的艺术形式演绎了贾科莫·普契尼笔下的艺伎巧巧桑。（图4）

2009年，加利亚诺在自己同名品牌秋冬时装秀上，以巴尔干半岛民间传说为灵感，服饰运用奢华的刺绣细节、汽球袖、手工艺品等民间服饰的

图2　2004年迪奥

图3　2005年迪奥

图4　2007年迪奥

元素，夸张的头饰更加明目张胆地突出了极具戏剧幻想的风格，让人垂涎不已。层叠银饰，高饱和度的蓝、紫色系，闪烁银色调和宽幅的臀部设计，袍子与裤子的叠穿都体现"近东"的民族风情，打造出了一种浓郁的戏剧性、具有逃离现实的浪漫主义风格。（图5）

图5 2009年加利亚诺同名品牌秀

2011年，加利亚诺与一对小情侣在酒馆发生口角，一些不当言论导致判刑入狱，迪奥也直接辞退了他。出狱后的他并没有立刻回归时尚圈，后在友人的鼓励帮助下，2013年决定重回服装界。2014年10月，加利亚诺正式加入马丁·马吉拉（Maison Margiela），担任其创意总监，执掌高级定制设计。（图6）

优秀的服装设计是无数个必然形成的偶然，而服装设计师的成功是无数个偶然形成的必然。宇宙浩瀚，个人如沧海之一粟；岁月无尽，人生须臾便是白首。设计师最大的价值莫过于自己的设计在自己身后尤能为他人的生活增添美好。

到这里，本书也该告一段落。在最后，请大家回想对本书的学习，有没有用文字记下了满满的笔记？是否在某个点，你的思想与本书不谋而合？若是并不同路，哪怕擦肩而过也好！期待遇见更多的思想！

图6 加利亚诺为马丁·马吉拉品牌设计的作品

附录　效果图人体模板

女模特正面、侧面、背面模板图

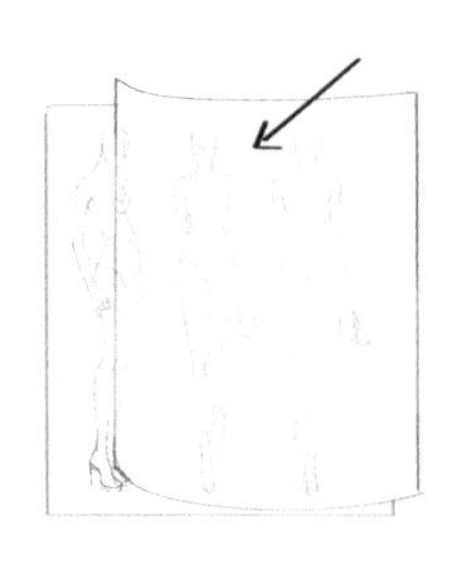

操作方法：在线稿上方，放上一张能隐约看到下面人体线稿的白纸，拓着线稿，直接画出自己设计的款式，画完设计将底下的线稿拿走，然后调整上面的设计图，上色完成。

模版使用范例

常用女模特姿态1

常用女模特姿态2

常用女模特姿态3

常用女模特姿态4

儿童模特，中童模特，男装模特

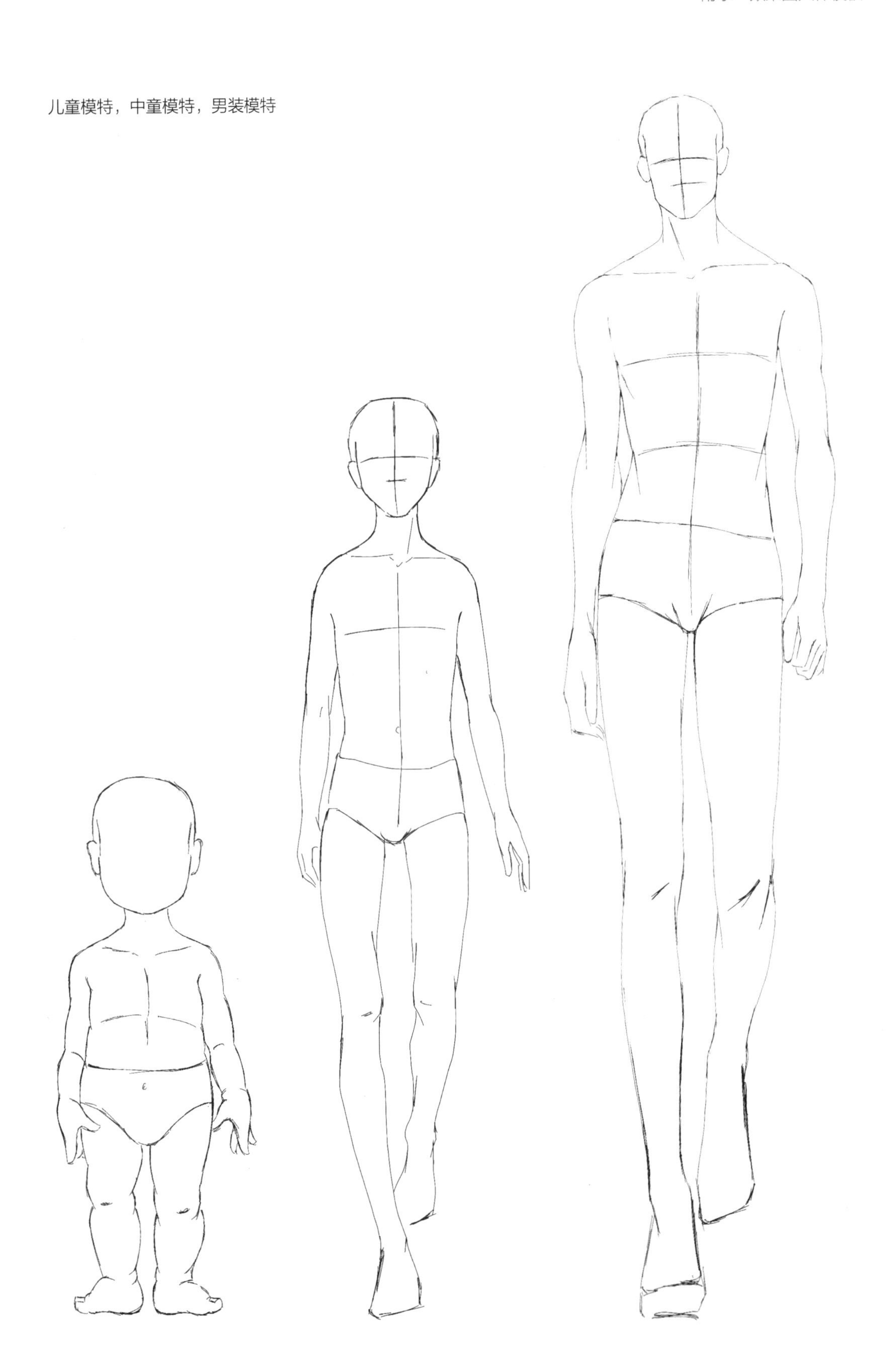

饰品模特

特殊姿态模特1

特殊姿态模特2

[1] 刘晓刚，崔玉梅．基础服装设计 [M]. 上海：东华大学出版社，2013.
[2] 刘元风．服装设计学 [M]. 北京：高等教育出版社，2012.
[3] 邵宏．设计的艺术史语境 [M]. 南宁：广西美术出版社，2017.
[4] 冯利，刘晓刚．服装设计概论 [M]. 上海：东华大学出版社，2019.
[5] 刘瑞璞．礼服——男装语言与国际惯例 [M]. 北京：中国纺织出版社，2002.
[6] 刘元风，李迎军．现代服装艺术设计 [M]. 北京：清华大学出版社，2005.
[7] 周志禹．思维与设计 [M]. 北京：北京大学出版社，2007.
[8] 杭间．设计道——中国设计的基本问题 [M]. 重庆：重庆大学出版社，2009.
[9] 王受之．世界设计现代史 [M]. 北京：中国青年出版社，2001.
[10] 曹耀明．设计美学概论 [M]. 浙江：浙江大学出版社，2006.
[11] 易中天．美学讲稿 [M]. 上海：上海文艺出版社，2019.
[12] 郭晓晔．从认识到发现——基于设计思维的设计基础课程实录 [M]. 北京：中国建筑工业出版社，2020.
[13] 柴英杰．设计思维——设计师思维体系解构 [M]. 北京：机械工业出版社，2011.
[14] 刘晓刚，王俊，顾雯．流程，决策，应变——服装设计方法论 [M]. 北京：中国纺织出版社，2009.
[15] 吕学海．服装系统设计方法论研究 [M]. 北京：清华大学出版社，2016.
[16] 周至禹．思维与设计 [M]. 北京：北京大学出版社，2016.
[17] 荷加斯．美的分析 [M]. 杨成寅，译．桂林：广西师范大学出版社，2009.
[18] 麦克劳顿．透视与视错 [M]. 贺俊杰，周石平．译．长沙：湖南科学技术出版社，2012.
[19] 伊拉姆．设计几何学——关于比例与构成的研究 [M]. 李乐山，译．北京：知识产权出版社，中国水利水电出版社，2015.
[20] 陈彬．服装设计基础篇 [M]. 上海：东华大学出版社，2016.
[21] 刘瑞璞，魏佳儒．清古典袍服结构与纹章规制研究 [M]. 北京：中国纺织出版社，2017.
[22] 贾玺增．中外服装史 [M]. 上海：东华大学出版社，2018.
[23] 多湖辉．创造性思维 [M]. 王彤，译．北京：中国青年出版社，2002.
[24] 于国瑞．服装设计思维训练 [M]. 北京：清华大学出版社，2018.
[25] 谢弗，桑德斯．伦敦时装学院经典服装配饰设计教程 [M]. 陈彦坤，马巍，译．北京：中国工信出版集团，电子工业出版社，2020.
[26] 大泽幸生，西原洋子．斯坦福设计思维课——用游戏激活和培训创新者 [M]. 税琳琳，崔超，译．北京：中国工信出版集团，人民邮电出版社，2019.
[27] 萨玛森，埃尔马诺．关键创造的艺术——罗德岛设计学院的创造性实践 [M]. 李清华，译．北京：机械工业出版社，2015.
[28] 张莹．珠宝手绘表现技法专业教程 [M]. 北京：中国工信出版集团，人民邮电出版社，2018.
[29] 陆小彪．设计思维与方法 [M]. 南京：江苏美术出版社，2013.
[30] 于佳佳，富尔雅．创新设计思维 [M]. 北京：清华大学出版社，2020.
[31] 王可越，税琳琳，姜浩．设计思维创新导引 [M]. 北京：清华大学出版社，2021.
[32] GAIMSTER J.Visual Research Methods in Fashion[M]. Oxford UK and New York: Berg Publishers, 2011.
[33] CROSS N.Design Thinking:Understanding How Designers Think and Work[M].Oxford UK and New York: Berg Publishers，2011.